Erika Schermaul

Paradiesapfel und Pastorenbirne

Erika Schermaul

Paradiesapfel und Pastorenbirne

Bilder und Geschichten von alten Obstsorten

Jan Thorbecke Verlag

Autorin und Verlag danken Herrn Dr. Eberhard Zwink, Leiter der Abteilung Alte und Wertvolle Drucke der Württembergischen Landesbibliothek Stuttgart, sowie Herrn Dr. Klaus Walter Littger, Leiter der Handschriftenabteilung der Universitätsbibliothek Eichstätt-Ingolstadt, für ihre fachkundige Unterstützung.
Die Autorin dankt Dr. Uta Korzeniewski für ihre tätige Mithilfe.

Bibliografische Information
Der Deutschen Bibliothek
Die Deutsche Bibliothek verzeichnet diese Publikation in der Deutschen Nationalbibliografie; detaillierte bibliografische Daten sind im Internet über http://dnb.ddb.de abrufbar.

2. Auflage 2005

www.thorbecke.de
info@thorbecke.de

Dieses Buch ist aus alterungsbeständigem Papier nach DIN-ISO 9706 hergestellt.
Gestaltung:
Finken & Bumiller, Stuttgart
Gesamtherstellung:
Jan Thorbecke Verlag, Ostfildern
Printed in Germany
ISBN 3-7995-3511-X

Inhalt

*

Die Geschichte des Obstbaus

*

Entstehung von Kultursorten

Die Entwicklung vom Wildobst bis zu den heutigen Kultursorten war ein langer Weg. Vorläufer der heutigen Wildobstarten gab es teilweise schon in der Kreidezeit und im Tertiär. Aus diesen gingen in verschiedenen geographischen Gebieten die eigentlichen Wildobstarten hervor. In Regionen, in denen sich die Verbreitungsgebiete verschiedener Arten überschneiden, sind häufig sogenannte Gen-Zentren zu beobachten. Dies sind Gebiete mit einem besonderen Formenreichtum an Früchten, welche eine Vielzahl von Erbanlagen bieten. Aufgrund unendlich vieler Kreuzungen innerhalb derselben Wildobstart und zwischen verschiedenen Arten kann es immer wieder zu einer Neukombination der Gene und damit zu einer Erweiterung des Formenreichtums kommen. Da Bastarde in der Regel zu starkem Größenwachstum neigen, ging damit auch eine Steigerung der Fruchtgrößen einher. Aufgrund gezielter Auslese durch Tiere und Menschen, welche bestimmte Früchte, bzw. Bäume bevorzugten, wurde deren Verbreitung gefördert. Auswahlkriterien waren dabei insbesondere Aussehen, Geschmack und Größe der Früchte. Zunächst wurde gezielt Wildobst mit den besten Eigenschaften gesammelt, später wurden auch Bäume und Sträucher mit besonders wertvollen Eigenschaften in der Nähe der Siedlungen domestiziert.

¬ Eine besondere Verdichtung verschiedener Gen-Zentren finden wir in Kleinasien und Westasien. In dem Gebiet zwischen Kaukasus, Altai-Gebirge, Schwarzem Meer und Kaspischem Meer liegt die Wiege vieler unserer Kulturobstarten. Dort sind auch die Anfänge des kultivierten Obstbaus zu suchen. Der Weinbau wird im Nahen Osten schon einige tausend Jahre betrieben. In Ägypten gab es bereits 3000 v.Chr. Gärten, die zum Schutz vor der Sonne von einer Erdmauer umgeben waren. Seit 1500 v.Chr. ist dort der Anbau von Obst in der Bevölkerung verbreitet.

¬ Auch in den Schriften der Bibel finden wir konkrete Hinweise auf den Anbau von Obst. In den mosaischen Gesetzen des Alten Testaments finden wir die erste Vorschrift über die Obstbaumpflege. Im 19. Kapitel des 3. Buches Mose, Vers 23–25, steht geschrieben: »Wenn ihr in das Land kommt und allerlei Bäume pflanzt, von denen man isst, so lasst ihre ersten Früchte stehen. Drei Jahre lang sollt ihr die Früchte als unrein ansehen, dass ihr sie nicht esst. Im vierten Jahr sollen alle ihre Früchte unter Jubel dem Herrn geweiht werden. Erst im fünften Jahr sollt ihr die Früchte essen, damit ihr künftig um so reicheren Ertrag einsammelt.«

¬ Im 4. Buch Mose wird in Kapitel 13 über die Aussendung und Rückkehr von Botschaftern in das Land Kanaan berichtet. Sie brachten eine riesige Weinrebe, Granatäpfel und Feigen mit. Folglich muß in dem schmalen, fruchtbaren Landstreifen zwischen Jordan und Mittelmeer in biblischer Zeit ebenfalls schon Obst- und Weinbau bekannt gewesen sein. Zur Blütezeit des Perserreiches im 7. Jahrhundert v. Chr. wurden entlang der Hauptverkehrswege Obstbäume gepflanzt und in Gärten, welche von Mauern umgeben waren, wurden Weintrauben, Kirschen, Äpfel, Feigen, Datteln und Oliven kultiviert.

Hohelied

Im biblischen »Hohelied der Liebe« heißt es:
»Stärkt mich mit Traubenkuchen,
Erquickt mich mit Äpfeln;
Denn ich bin krank vor Liebe.«

Obstbau in der griechischen und römischen Antike Die Griechen brachten von ihren Eroberungszügen aus dem Orient verschiedene Obstarten mit, z.B. Apfel, Pfirsich, Pflaume, Quitte. Dem 500 v.Chr. lebenden, berühmten griechischen Arzt *Hippokrates* wird nachgesagt, die Kunst des Okulierens oder Aufpfropfens erfunden zu haben. Wildlinge werden dabei durch Einsetzen eines Triebauges unter die Rinde veredelt, der abgeschnittene Zweig des Obstbaumes wächst auf dem Stamm der Wildsorte fest. Dadurch konnten wertvolle Sorten über das natürliche Lebensalter eines Baumes hinaus erhalten werden. Außerdem profitiert die edlere Sorte oft von den robusten Eigenschaften der wilden Unterlage.

Im Gedicht des Arkadiers Kyllenios kann man erkennen, dass die Griechen die Veredlung von Birnbäumen kannten:

»Einstmals wuchs ich im Wald, ein wilder Birnbaum, bei Tieren,
einsam und öde, und trug Früchte missratener Art.
Nun aber blühe ich zahm, veredelt durch andere Reiser,
Früchte hab ich am Zweig, die nicht die meinen mehr sind.
Dank für die Mühe, o Gärtner! Dein Werk ist's, dass man
mich wilde Birne zu Bäumen edelster Güte nun zählt.«

¬ Die Athener Gesetzgeber Drakon und Solon erließen zum Schutz des Garten- und Obstbaus Gesetze, welche den Diebstahl von Feld- und Gartenfrüchten mit dem Tod bedrohten. Besonders gepflegt wurde in Athen der Olivenanbau, aber auf der Peloponnes muß es auch zahlreiche Birnbäume gegeben haben, denn diese Gegend erhielt den Beinamen »Apia«, Birnenland. Bekannt und beliebt war auch die Feige, die sich sowohl frisch als auch getrocknet essen ließ, was sie besonders wertvoll machte.

Odyssee Der griechische Dichter Homer (8. Jahrhundert v. Chr.) beschreibt, wie der weitgereiste Odysseus an den Hof des Königs Alkinoos kommt. Dieser besitzt einen paradiesischen Garten:

»Außer Hofe liegt ein Garten,
Nahe der Pforte,
Allda streben die Bäume mit
laubdichten Wipfeln gen Himmel
Voll balsamischer Birnen.«

¬ Die Römer übernahmen den Obstbau von den Griechen und entwickelten ihn zu einer Hochkultur. Bald schon hatten sie neue Sorten gezüchtet. Der römische Feldherr und Schriftsteller Plinius (23–79 n. Chr.) berichtet bereits über 39 Birnensorten, 23 Apfelsorten, 9 Pflaumensorten und 7 Kirschensorten und erwähnt Sortennamen, welche von Orten, Landschaften oder Entdeckern abgeleitet sind. Die Methoden im Obstbau waren in der Antike zum Teil völlig anders als heute: So ließ man Weinreben gerne an Bäumen hochwachsen anstatt an Pflöcken, besonders an Ulmen. Zwischen den Bäumen wurde dann Korn angepflanzt. In römischen Gedichten erscheint die innige Verbindung zwischen der Ulme und der sie umrankenden Weinrebe als Symbol für die Liebe zwischen Mann und Frau.

Die Anfänge des Obstbaus in Mitteleuropa Die Nutzung von Obst und Beerenfrüchten zur Bereicherung des täglichen Speiseplans war auch bei uns im mitteleuropäischen Raum bereits in vorgeschichtlicher Zeit üblich. Unsere jungsteinzeitlichen Vorfahren sammelten schon Äpfel, Birnen, Pflaumen und Kirschen, Schlehen, Holunderbeeren, Haselnüsse und vieles mehr. Umfangreiche Funde von Kernen, Steinen und auch getrockneten Früchten bezeugen diese frühe Nutzung von Wildobst. Aus den Samen weggeworfener Fruchtreste wuchsen ohne Zutun der Menschen fruchttragende Bäume und Sträucher im Umfeld der Siedlungen. Durch gezielte Auslese besonders wertvoller Früchte wurden diese gefördert, und so kam es allmählich zu einer Höherentwicklung der Wildobstarten. Wenn man Funde aus Jungsteinzeit, Bronzezeit und Eisenzeit miteinander vergleicht, kann man feststellen, dass die Entwicklung teilweise mit einer beachtlichen Vergrößerung der Früchte einherging.
¬ Die Entstehung der heutigen Obstsorten ging jedoch überwiegend von den frühen Kultursorten der Römer aus, welche sie nach ihren Eroberungszügen mit in ihre Provinzen nördlich der Alpen brachten. Mit ihren Obstgehölzen brachten sie auch ihre Kenntnisse über den Anbau mit. In den Wirren der germanischen Völkerwanderung ging allerdings viel Wissen verloren, und auch die wenigen Obstanlagen hatten sehr gelitten. Die Wiederbelebung des Obstbaus ging insbesondere von den Klöstern aus. Eines der frühesten Zeugnisse für den Anbau von Obstbäumen ist der Klosterplan von St. Gallen, in dem ein Baumgarten eingezeichnet ist. Dort wachsen Äpfel, Birnen, Pflaumen, Speierling, Mispel, Quitten, Haselnüsse, Walnüsse und sogar Pfirsiche und Mandeln. In Frankreich hatten Mitglieder verschiedener Mönchsorden die Kunst der Obstbaumzucht von den Römern übernommen, und im Schutz der Klostermauern konnten sich die Obstgehölze prächtig entwickeln. Diese französischen Mönche hatten auch bereits den Vorteil schwachwachsender Unterlagen wie Paradiesapfel oder Quitte für den Apfel- und Birnenanbau erkannt und nutzten die frühere und vermehrte Fruchtbarkeit solcher wohlgeformter Bäume. Besonders die Zisterzienser taten sich im Obstbau her-

vor. Bei Gründungen neuer Klöster nahmen die Mönche Pfropfreiser und Samen mit und sorgten so für eine Ausbreitung der Obstbaumzucht auch im mitteldeutschen Raum. Mönche aus Bassigny in Frankreich brachten z. B. im 12. Jahrhundert Reiser von der »Grauen Renette« in ihrem Reisegepäck mit nach Altenkampen am Niederrhein. Von dort gelangte die Sorte in die Klöster Walkenried im Harz, Pforta in Sachsen und schließlich bis nach Leubus in Schlesien. Durch Kreuzzüge und Pilgerfahrten kam es zu einem regen Austausch von Kenntnissen und Pflanzen, wodurch sich die genetische Vielfalt erweiterte und die Sortenentwicklung gefördert wurde. Zahlreiche Sortennamen bezeugen ihre Herkunft aus Klöstern: »Carmeliterbirne«, »Klosterapfel«, ... Im 12. Jahrhundert gab es in Deutschland bereits eine Reihe von Klöstern, die Obstgärten besaßen, Weinbau betrieben und ihr Wissen und ihre Pflanzen auch in die umliegenden Dörfer trugen.

¬ Kaiser Karl der Große erkannte mit Weitblick die hohe Bedeutung des Obstbaus für sein Land. Im Jahre 812 erließ er eine Verwaltungsvorschrift für die Krongüter und Reichshöfe, das *Capitulare de villis*. Im letzten Kapitel dieser Vorschrift gibt er eine lange Liste von Pflanzen, die dort angebaut werden sollen. Darin fordert er auch den Anbau und die Pflege von Apfel- und Kirsch- und anderen Obstbäumen und gibt Sortenempfehlungen, z.B. für die Apfelsorten »Gomaringer« oder »Geroldinger«, deren Identität sich aber heute nicht mehr feststellen lässt. Diese karolingischen Mustergärten dienten auch als Lehr- und Schaugärten für die ansässige Bevölkerung. Der Kaiser förderte die Ausbreitung des Obstbaus auch indem er bestimmte, dass jedes Ehepaar sechs Obstbäume pflanzen und pflegen musste. Der Stauferkaiser Friedrich Barbarossa folgte seinem Vorbild und unterstützte die weitere Ausbreitung der Obstbaumzucht. Er gewährte für Obstgärten die »Zehnfreiheit« und ahndete Baumverderben mit hohen Strafen. Die Obstgärten, die in dieser Zeit entstanden, beschränkten sich jedoch im Wesentlichen auf das nähere Umfeld der Siedlungen. Baumgärten gab es bei Klöstern, Gutshöfen und um die Stadtmauern herum.

Shakespeare

In der Komödie »Was Ihr wollt« nimmt Shakespeare darauf Bezug, daß die Mispel erst überreif genießbar sind: Dort werden die Witze eines Mannes mit Mispeln verglichen, weil sie entweder verdorben oder unreif sind: »Eure Einfälle verfaulen, ehe sie halb reif sind, und das ist eben die rechte Tugend einer Mispel.«

Ausdehnung des Obstbaus vom 16. bis zum 18. Jahrhundert Erst ab dem 16. Jahrhundert begann unter Förderung der jeweiligen Landesherren auch eine Ausdehnung der Obstgärten in die freie Landschaft.

¬ Der erste württembergische Herzog Eberhard im Barte und Herzog Christoph legten den Grundstein zu dem fast sprichwörtlich gewordenen Reichtum Württembergs an Obstbäumen. Herzog Eberhard ließ bereits im Jahr 1492 auf dem Klosterstift Einsiedel bei Tübingen eine staatliche Baumschule gründen, aus der er Obstbäume zu billigen Preisen an seine Untertanen abgab. Herzog Christoph (1550–1568) hatte seine Jugend in den obstreichen Gegenden Italiens und Frankreichs verbracht und sich eingehend mit dem Obstbau beschäftigt. Er ließ aus Frankreich Obstbäume einführen und zahlreiche Obstbaumpflanzungen durchführen. Seine mustergültigen Maßnahmen wurden dann auch mehrfach in Schriften des ausgehenden 16. und beginnenden 17. Jahrhunderts erwähnt.

¬ Der in Basel geborene Johann Bauhinus berichtet Ende des 16. Jahrhunderts über den Obstbau in Württemberg, Baden und Elsaß. Nach seien Beschreibungen hatte der Obstbau in diesen Ländern schon umfangreich Bedeutung erlangt und stand in hohem Ansehen und unter kräftigem gesetzlichem Schutze. Baumfrevel wurde hart bestraft: Wer beim Abhauen eines Baumes in flagranti erwischt wurde, verlor seine rechte Hand.

¬ Kurfürst August von Sachsen (1553–1586) pflanzte gemeinsam mit seiner Gemahlin Anna sogar eigenhändig Obstbäume. Auf seinem Kammergut Ostra richtete er eine mustergültige Baumschule ein, von der er im Jahr bis zu 60.000 Obstbäumchen verkaufen konnte. Er verteilte Obstkerne in der Bevölkerung und bestimmte, dass jedes jungvermählte Paar, das Grund und Boden besaß, einige Bäumchen zu pflanzen hatte. Sein Buch mit Anweisungen zum Obst- und Gartenbau wurde so gerne gekauft, dass es drei Auflagen erlebte.

¬ Der Dreißigjährige Krieg (1618–1648) brachte für den Obstbau einen schweren Rückschlag. Viele Pflanzungen wurden zerstört, oder sie fielen der mangelnden Pflege zum Opfer. In der Folgezeit wurden jedoch große Anstrengungen unternommen, die Obstkultur wieder zu beleben und verstärkt in die freie Landschaft auszudehnen. Die Landesherren erkannten die Bedeutung des Obstbaus für die Ernährungslage der Bevölkerung. Aus dem Bestreben heraus, den heimischen Obstertrag zu steigern, schrieb die Obrigkeit in so genannten »Generalreskripten« vor, wie viele Obstbäume ein jeder ansässige oder zuziehende Bürger auf den gemeinsam genutzten Allmendflächen oder entlang der Wege und Straßen zu pflanzen, pflegen und zu erhalten hatte. Wer seinem Auftrag nicht nachkam oder einen Obstbaum beschädigte oder gar vernichtete, musste mit schweren Strafen rechnen.

¬ Brandenburgs großer Kurfürst Friedrich Wilhelm (1620–1688), dessen Land nach den Kriegswirren besonders darnieder lag, bestimmte, dass bei jeder Eheschließung von dem Brautpaar sechs Obstbäume zu pflanzen seien. Aus Holland holte er sich Handwerker, Bauern und auch Obstbauern in sein menschenarmes Land. Durch sein Betreiben wurde aus dem Fischerdorf Werder an der Havel ein Obst- und Gartenbaudorf. So entstand das heute noch bekannte brandenburgische Obstanbaugebiet Werder.

¬ Markgraf Karl Friedrich von Baden ging seinen Landsleuten mit gutem Beispiel voran und pflanzte in seinen Gärten und Gütern umfangreiche Obstanlagen. Außerdem erleichterte er jeden Erwerb von Bäumen. Herzog Carl Eugen von Württemberg (1737–1793) eiferte ihm nach. Unter Leitung von Johannes Caspar Schiller, dem Vater des großen Dichters, unterhielt er auf der Solitude bei Stuttgart und auf dem Gutshof Einsiedel bei Tübingen große Baumschulen. Hunderttausende von Obsthochstämmen wurden zu günstigen Preisen oder unentgeltlich an die Gutsbesitzer und Bauern abgegeben.

¬ Die Einrichtung von Baumschulen trug wesentlich zur Entstehung und Verbreitung neuer Obstsorten bei. Diese entstanden als Zufallssämlinge in Baumschulen, in Gärten oder sogar am Abfallplatz hinter dem Haus.

Die Blütezeit des Obstbaus im 19. Jahrhundert Durch die Napoleonischen Kriege zu Beginn des 19. Jahrhunderts ging der Obstbau nochmals merklich zurück, kam dann jedoch im weiteren Verlauf des 19. Jahrhunderts zu seiner größten Blüte. Die Baumpflanzungen dehnten sich zunehmend von den Allmendflächen und Straßenrändern auch auf landbaulich anderweitig nutzbare Flächen aus, insbesondere auf ehemalige Weinberge, deren Nutzung aus verschiedenen Gründen aufgegeben wurde. In der Regel entstanden aber noch nicht die heute üblichen Baumwiesen, sondern zunächst Baumäcker. Erst später, zu Beginn des 20. Jahrhunderts, wurde die ackerbauliche Nutzung unter den Obstbäumen aufgegeben, und so entstanden die heute bekannten Baumwiesen. Damit der aufblühende Obstbau auch die nötige Pflege erhielt, war es nötig, der Bevölkerung entsprechende Kenntnisse zu vermitteln. Es wurden Wanderlehrer angestellt, die das Wissen um den Obstbau vermitteln sollten. Verschiedene Fachbücher waren speziell für die Unterrichtung der Schuljugend und Bauernkinder gedacht.

¬ In Württemberg rief Dr. Eduard Lucas 1837 als Leiter der landwirtschaftlichen Lehr- und Versuchsanstalt in Hohenheim die Baumwartausbildung ins Leben. Damit war Württemberg das erste Land, das die Pflege des Obstbaumes zu einem eigenständigen Beruf machte und auf diese Weise dem Obstbau zu seiner Bedeutung verhalf.

¬ Mitte des 19. Jahrhunderts entstanden dann bedeutende Fachschulen für den Obstbau:

1843 Gründung der Gartenbauschule Hohenheim
1860 Gründung des pomologischen Instituts in Reutlingen
1867 Gründung der Obst- und Weinbauschule Weinsberg
1872 Versuchs- und Forschungsanstalt für Wein- und Gartenbau in Geisheim.

Es folgten noch weitere Staats- und Provinzialschulen, z.B. in Pillnitz (bei Dresden) und in Weihenstephan (Freising). Damit wurde der Obstbau auf eine wissenschaftliche Grundlage gestellt.

¬ Neben dem Liebhaberobstbau gab es inzwischen auch einen florierenden Marktobstbau. Im Jahre 1812 wurden beispielsweise auf der Leipziger Michaelismesse ein Umsatz von 50000 Talern mit Borsdorfer Äpfeln erzielt. Diese wurden meist nach Russland exportiert und dort auf dem Petersburger Weihnachtsmarkt als »Sächsische Apfelsinen« verkauft

¬ Auf seinen Wanderungen durch die Mark Brandenburg kam Theodor Fontane auch in das bekannte Obstanbaugebiet Werder an der Havel. In seinem Reisebericht erwähnt er den enormen Konsum von werderschem Obst durch die Berliner: »... dem Berliner wird unter allen Umständen der Ruhm verbleiben, als Minimalsatz jährlich eine Million Metzen werdersches Obst zu konsumieren.«

¬ Über die Qualität des Obstes aus Werder weiß er folgendes zu berichten: »Der König, selber ein Feinschmecker, mochte unter den ersten sein, die anfingen, eine werdersche Kirsche von den üblichen Landesprodukten zu unterscheiden. Außer den Kirschen aber war es zumeist das Strauchobst, das die Aufmerksamkeit des Kenners auf Werder hinlenkte. Statt der bekannten Bauernhimbeere, wie man ihr jetzt noch begegnet, die Schattenseite hart, die Sonnenseite madig, gedieh hier eine Spezies, die in Farbe, Größe und strotzender Fülle prunkend, aus Gegenden hierher getragen schien, wo Sonne und Wasser eine südliche Brutkraft üben.«

¬ Um die Wende vom 19. Zum 20. Jahrhundert hatte der Obstbau seine flächenmäßig größte Ausdehnung erreicht, und es gab eine Vielzahl von Sorten für die verschiedensten Verwendungszwecke.

Borsdorfer-Äpfel, aufgezogene | Man schält und reibt auf einem Reibeisen 6 bis 8 schöne Borsdorferäpfel ab, thut das Geriebene in eine Schüssel, klein geschnittene Citronenschale, 2 bis 3 Löffel voll guten Kirschengeist und Zucker, bis es süß genug ist, dazu, rührt es mit 6 bis 8 Eiern recht gut durcheinander; macht alsdann in einer Casserolle Schmalz heiß, gießt die Masse darein, gibt einen Deckel mit Kohlen darauf, stellt es auf Kohlen und zieht es schön gelb auf. Dieß ist ein gutes Nachtgemüß. Die vollkommene Köchin, Stuttgart 1844

Der Obstbau im 20. Jahrhundert Durch den Ersten Weltkrieg und seine Folgen erlitt der Obstbau einen deutlichen Rückschlag, doch auf Grund der planmäßigen Förderung in den zwanziger und dreißiger Jahren stieg er wieder kräftig an. Dabei spielte das Verlangen der Menschen nach Selbstversorgung mit Obst keine unwesentliche Rolle. Doch auch von staatlicher Seite war man an guten Erträgen aus dem einheimischen Obstbau interessiert, um die Ernährung der Bevölkerung mit dem damals noch knappen Obst sicherzustellen. Deshalb legte man auch großen Wert auf die fachliche Beratung der Obstbauern.

¬ In Württemberg wurden staatliche Gartenbauberatungsstellen gegründet, und die Obstbestände in den Gemeinden wurden von Baumwarten regelmäßig kontrolliert. In ihren Berichten, den Visitationsprotokollen, waren genaue Anordnungen über Pflegemaßnahmen aufgeführt. Wenn besonders starker Schädlingsbefall drohte, konnten Bekämpfungsmaßnahmen polizeilich angeordnet werden. Nichtbefolgung wurde nach Art. 33 des Polizeistrafgesetzes geahndet.

¬ Während des Dritten Reiches lag die Förderung des gesamten Obstbaus in den Händen des »Reichsnährstandes«. Durch das Streben nach wirtschaftlicher Selbstversorgung wurde nicht nur die Obsterzeugung planmäßig gesteigert, sondern auch der Obstabsatz geregelt. Die Anpflanzung weniger, aber ertragreicher und bewährter Obstsorten zur Erzielung größerer einheitlicher Obstmengen wurde angestrebt. Auch der Obstabsatz war reglementiert, es gab Vorschriften zur Kennzeichnung deutscher Gartenbauerzeugnisse. Kisten und Flaschensteigen mussten mit dem Vermerk »Deutsches Erzeugnis« und dem Reichsadler gekennzeichnet sein.

¬ Im Zuge der Lebensmittelverknappung in den Kriegsjahren wurde der unmittelbare Verkehr zwischen Erzeuger und Verbraucher für unzulässig erklärt. Lebensmittel gab es nur noch auf Karten – oder auf dem Schwarzmarkt. Diese Anordnung wurde zunächst auch noch nach Kriegsende 1945 beibehalten. Die Erträge aus dem Obstbau waren für die Versorgungslage der Bevölkerung in den Nachkriegsjahren von großer Bedeutung. Deshalb erfuhr der Streuobstbau in der Nachkriegszeit zunächst eine starke Wiederbelebung. Doch bereits Anfang der fünfziger Jahre hatten sich die Absatzverhältnisse im Obstbau umwälzend geändert, als Folge einer zunehmenden Flut von Obst und Südfrüchten aus dem Ausland.

¬ Um konkurrenzfähig zu bleiben, musste sich der heimische Obstbau umstrukturieren und die gängigen Marktsorten kostengünstig produzieren. Diese Umstrukturierung war etwa das Ziel des 1957 verabschiedeten »Generalplans zur Neuordnung des Obstbaus« in Baden-Württemberg. Zu diesem Zwecke wurde sowohl die Rodung unrentabler Streuobstbestände als auch die Neupflanzung moderner Intensivobstanlagen finanziell gefördert. Von 1957 bis 1974 fielen durch die Rodung 14000 Hektar Streuobstflächen der Axt zum Opfer. Auch durch Straßenbau, Flurbereinigung und großflächige Siedlungserweiterungen wurden zahlreiche Streuobstbestände zerstört. Mit dem Verschwinden der Obstwiesen veränderte sich nicht nur das Bild unserer Landschaften und Dörfer, es sind auch viele der alten Obstsorten für immer verloren gegangen.

Pomologie

*

Unter dem Begriff Pomologie versteht man die Lehre von den Obstsorten und dem Obstbau. Er leitet sich von der römischen Göttin Pomona her, der die reifenden Früchte gewidmet waren.

Die Anfänge der Pomologie Die Anfänge der Pomologie liegen in der Antike. Der griechische Philosoph Theophrast (um 372–287 v. Chr.), ein Schüler des Aristoteles, widmete sich besonders der Botanik und zählte schon verschiedene Apfel- und Birnensorten auf. Auch der römische Politiker Cato der Ältere (234–149 v. Chr.), der gleichzeitig einen großen Gutshof versorgte und ein Werk über die Landwirtschaft *(De Agricultura)* schrieb, kennt schon etwa zehn Birnensorten. Der römische Feldherr und Schriftsteller Plinius der Ältere (23–79 n. Chr.) liefert in seiner *Historia Naturalis* bereits detaillierte Beschreibungen von verschiedenen Apfel-, Birnen-, Pflaumen- und Kirschensorten.

Sappho Die griechische Dichterin Sappho lebte im 7. Jahrhundert vor Christus auf der Insel Lesbos. Von ihren Gedichten haben nur wenige Verse die Zeit überdauert.

Da steht ein Mispelbaum
er wächst vor dem Haus meines Liebsten
Und alle Tage lang
rauscht durch die Zweige süß der Wind.
Und wenn der Abend kommt,
sitzen wir zusammen in der Dämmerung
und sehen die Sterne aufgehen.

Mispel-Marmelade | Man schält gute, große Mispeln, wenn sie recht reif sind, ab, schneidet sie in Stücke, kocht sie mit Wasser, Zimmt und Citronenschale weich; dann gießt man die Brühe ab und treibt die Mispeln durch ein Haartuch. Hierauf nimmt man zu 1 Pfund des Durchgetriebenen ¾ Pfund Zucker und kocht ihn mit dem Sud, worin die Mispeln gekocht worden, zu einem klaren Syrup; wenn er gut abgeschäumt ist und Perlen wirft, thut man die Mispel darein und läßt sie langsam dick kochen. Wenn sie gehörig eingekocht sind, gießt man sie in eine Schüssel, und füllt sie, wenn sie erkaltet ist, in ein Zuckerglas, bedeckt sie mit Wachspapier und verbindet sie mit einer Blase. DIE VOLLKOMMENE KÖCHIN, STUTTGART 1844

¬ Während im Mittelalter der Obstbau vor allem auf mündlich weitergegebenen Erfahrungen beruhte, begannen in der Renaissance die umfassend gebildeten Humanisten, sich auch mit den Obstsorten wissenschaftlich zu beschäftigen. Ende des 16. Jahrhunderts erschien die erste deutsche Pomologie mit Abbildungen verschiedener Sorten durch JOHANNES BAUHINUS, welcher Leibarzt von Herzog Friedrich von Württemberg war. In seiner *Historia Plantarum universalis* (1596) beschreibt er 49 Apfel- und 31 Birnensorten. Einige der beschriebenen Sorten sind noch heute erhalten. Eigentlich war er nach Bad Boll gekommen, um über dortige »wundertätige Quellen« zu berichten. Statt dessen beschreibt er die dort vorhandenen Obstsorten nach Größe, Form, Farbe, Stiel, Geschmack und Herkunft. Offenbar war er von der Vielfalt der Sorten sehr beeindruckt.

¬ Mit der Aufklärung erlebte die Pomologie einen neuen Aufschwung: Die Aufklärer wollten die Wissenschaft nutzen, um die Lebensbedingungen der Menschen zu verbessern. Aufgeklärte Monarchen ließen Obstbaumschulen errichten, um den Wohlstand ihrer Untertanen und damit auch ihren eigenen zu heben. Die Verfasser der pomologischen Werke sind daher in dieser Zeit oft Hofgärtner bei einem solchen Fürsten. Der Name Pomologie für die Obstsortenkunde wurde wohl durch JOHANN HERMANN KNOOP eingeführt. Er war 1740 aus Hessen in die Niederlande eingewandert und wurde dort Hofgärtner einer Oranierprinzessin. In ihrem Dienst schrieb er seine *Pomologie of Kennisse der Vruchten en bezonder van de Appels en Peeren*. Das reichhaltige Werk ist 1758 in Leeuwarden erschienen, 1768 auch in deutscher Sprache. Den Beschreibungen waren einfache, handkolorierte Kupfertiefdrucke beigefügt, es ist das erste pomologische Buch mit farbigen Abbildungen. Diese Sortendarstellungen und Beschreibungen wurden durch JOHANN

Caspar Schiller in seinem Buch *Die Baumzucht im Großen* in weiten Teilen, stellenweise sogar wörtlich, übernommen. J. C. Schiller (1728– 1793), der Vater des großen Dichters, war vom württembergischen Herzog Carl Eugen (1728–1793) mit Fragen des Obstbaus betraut worden und leitete über 20 Jahre die herzogliche Baumschule auf Schloß Solitude in der Nähe von Stuttgart. 1766 war er als Hauptmann nach Ludwigsburg berufen worden. Dem Obstbau widmete er sich zunächst aus »bloßer Liebhaberei«. In seinem 1794 erschienenen Werk beschreibt er 111 Apfel- und 86 Birnensorten. Die farbigen Aquarelle, mit denen das Buch illustriert ist, stammen von seiner Tochter Christophine Reinwald.

¬ In den Jahren 1792–1796 erschien in Wien die *Pomona Austriaca* von Johann Kraft. Kraft war 1780–1790 Leiter der kaiserlichen Obstbaumschule in Wien. Die prachtvolle Darstellung der Früchte auf handkolorierten Kupfertafeln ist durchaus ebenbürtig mit den botanischen und zoologischen Darstellungen dieser Zeit.

Wilhelm Tell Friedrich Schiller wird nachgesagt, dass er faule Äpfel in seiner Tischschublade hatte, deren möstelnder Geruch ihn offenbar zum Schreiben anregte. Sicherlich ließ er sich auch durch die Äpfel in der Baumschule seines Vaters inspirieren, z.B. zu seinem berühmten Stück über Wilhelm Tell, der einen Apfel vom Kopf seines Sohnes schießen musste, um sein eigenes Leben zu retten.

Der Vogt befielt ihm:
»Nun, Tell! weil du den Apfel triffst vom Baume
Auf hundert Schritte, so wirst du deine Kunst
Vor mir bewähren müssen – Nimm die Armbrust –
Du hast sie gleich zur Hand – und mach dich fertig,
Einen Apfel von des Knaben Kopf zu schießen –
Doch will ich raten, ziele gut, dass du
Den Apfel treffest auf den ersten Schuss,
Denn fehlst du ihn, so ist dein Kopf verloren.«

Pomologen aus der Blütezeit des Obstbaus Großen Aufschwung erlebte der Obstbau im 19. Jahrhundert, seiner Blütezeit. Carl von Linné (1707–1778) und seine systematische Erfassung aller Pflanzenarten hatte auch der Pomologie den Weg in die Wissenschaft geebnet. Es sind nun auch gelehrte Botaniker, die sich mit der Obstbaumkunde beschäftigen; Akademien und Institute, die sich mit ihr befassen, werden gegründet. Hinzu kommt, daß die Landwirtschaft nun rationell und profitorientiert betrieben wird. Baumschulen und Sortenkataloge werden zu Hilfsmitteln vieler Obstgärtner.

¬ Dr. August Friedrich Adrian Diel (1756–1839), der pomologische Linné Deutschlands, gab in 27 Bänden ausführliche Beschreibungen der Früchte und Bäume von Kernobstarten heraus. Damit lieferte er die wissenschaftliche Grundlage für eine naturwissenschaftliche Pomologie. Das umfassende Werk des thüringischen Pfarrers Johann Volkmar Sickler (1742–1820) lieferte ebenfalls eine wichtige Grundlage für spätere Sortenbestimmungen. Das 22-bändige Werk *Der Teutsche Obstgärtner* erschien von 1793 bis 1804. Besonderen Wert legte Sickler auf die genaue Darstellung der Früchte, welche er in Kupfer stechen und von Hand kolorieren ließ.

¬ Bei der Sammlung und Sichtung der unendlich vielen in Deutschland eingeführten, entstandenen und angebauten Obstarten kommt Dr. Eduard Lucas (1816–1882) sicherlich ein besonders großes Verdienst zu. Er absolvierte nach Abschluß des Gymnasiums eine dreijährige Lehre beim Hofgärtner Richter in Dessau. Im Alter von 25 Jahren wurde er 1841 als Leiter des botanischen Gartens nach Regensburg berufen. Von 1843–1860 war er Leiter der Obst- und Gartenbauschule, sowie Institutsgärtner an der Akademie in Hohenheim. Gemeinsam mit Franz Jahn und Conrad Oberdieck gab er ein pomologisches Handbuch in 8 Bänden heraus, das 2200 Sorten vorstellte. Systematisch versuchte er, die Sorten zu katalogisieren und zu ordnen. Im Jahr 1860 trat er aus dem gesicherten Staatsdienst aus und gründete das »Pomologische Institut« als »höhere Anstalt für Obst- und Gartenbau« in Reutlingen. Das Institut erwarb sich schnell einen internationalen Ruf. Von 1860 bis 1922 wurden dort 360 Fachleute ausgebildet, auch aus fernen Ländern, etwa aus Skandinavien, Rußland und Amerika. Neben der pomologischen Ausbildung erwarb sich das Institut auch einen weltweiten Ruf im Handel mit Obstgehölzen, Edelreisern und Sämereien. Im Herbst 1860 wurde auf Anregung von Dr. E. Lucas in Berlin der Deutsche Pomologenverein gegründet. Das Institut in Reutlingen wurde zum Mittelpunkt des Vereins. Mitglieder konnten auch Früchte zum Bestimmen nach Reutlingen schicken. Durch den Pomologenverein wurden verschiedene Sortenausstellungen organisiert:

1872 Obstausstellung bei der Pomologen-Versammlung in Braunschweig.
1883 Teilnahme an der internationalen Obstausstellung in Hamburg
1893 Obst- und Gartenbauausstellung anlässlich der XIII. Generalversammlung des Deutschen Pomologen-Vereins in Breslau.

¬ Neben dem Sichten und Ordnen der Vielzahl an Obstsorten war es auch ein Bestreben der Mitglieder des Pomologen-Vereins, besonders anbauwürdige Sorten zu fördern. Diese Absicht wird auch in dem Werk von Nicolas Gaucher (1846–1911) deutlich. Er war Besitzer und Direktor der Obst- und Gartenbauschule in Stuttgart. In seinem Buch *Pomologie des praktischen Obstbaumzüchters* stellt er besonders anbauwürdige Obstsorten vor. Die beschriebenen Sorten werden auf besonders naturgetreuen Chromotafeln abgebildet.

Pomologie im 20. Jahrhundert Zu Beginn des 20. Jahrhunderts erscheint noch einmal ein aufwändiges Tafelwerk, das über 1000 Obstsorten beschreibt. Der Verlag Eckstein und Stähle bringt ab 1905 in mehreren Lieferungen sein Werk *Deutschlands Obstsorten* heraus. Hier werden zum ersten Mal auch die Nachteile einzelner Obstsorten beschrieben. Aufwendig und schön gestaltet ist auch das mehrbändige Werk *Deutsche Obstsorten*, das von 1954 bis 1968 im Deutschen Bauernverlag erscheint. Insgesamt geht der Sammeleifer der Pomologen, immer neue Sorten zu entdecken und zu beschreiben, im 20. Jahrhundert zurück. Rationelle Vermarktung und die Normierung des Anbaus fordern wenige, besonders leistungsfähige Sorten, die überall einzusetzen sind, anstelle vieler verschiedener, die sich genau an einen sehr spezifischen Standort angepasst haben. Im Gegensatz zu dieser Tendenz wird 1991 der Pomologen-Verein gegründet, der sich in der Nachfolge des Deutschen Pomologen-Vereins von 1860 sieht und alte Obstsorten sammelt und beschreibt und es als seinen Auftrag ansieht, die Sortenvielfalt zu erhalten und für sie zu werben. Er vermittelt die Adressen von Baumschulen, die alte Sorten vertreiben, und organisiert auch Möglichkeiten, alte Obstsorten durch einen Experten bestimmen zu lassen.

Pomologie heute Die Züchtung profitabler Obstsorten wird heute längst auf industriellem Niveau betrieben, die Gen-Technik bietet hier völlig neue Möglichkeiten. Die Sorten im industriellen Obstbau sind sehr kleinwüchsig, um die Ernte zu erleichtern. Es ist dort kein Platz für einen Apfelbaum, in dem Kinder herumklettern könnten. Gleichzeitig wächst das Bewusstsein, dass mit den alten Obstsorten und den Streuobstwiesen ein wertvoller Teil unseres Kulturerbes im Verschwinden begriffen ist. Wichtige Eigenschaften der alten Sorten wie Krankheitsresistenz gehen verloren, wenn diese Sorten verschwinden. Auf der einen Seite führt dies zur Einrichtung von Gen-Banken, in denen altes Saatgut gesammelt und konserviert wird. Auf der anderen Seite bemühen sich engagierte Menschen, die Traditionen des Obstbaus und die alten Sorten lebendig zu erhalten. Immer mehr Freizeitgärtner fragen in Baumschulen nach alten Obstsorten, auch auf dem Wochenmarkt sind regionale Sorten wieder gefragt, nicht nur aus Nostalgie, sondern wegen ihrer geschmacklichen Vielfalt. Einige Gartenbauämter geben Merkblätter heraus, welche Sorten in die Gegend passen, oder geben sogar ökologisch besonders wertvolle Sorten zum Selbstkostenpreis ab.

¬ Auch die traditionellen Formen des Obstbaus werden geschützt und wieder belebt: Streuobstwiesen sind ein wichtiger Lebensraum für eine große Vielfalt von Tieren und Pflanzen. Sie prägen die Landschaft, schützen die benachbarten Felder vor Wind und bieten Wanderern und Erholungssuchenden ein schattiges Plätzchen. Städte und Gemeinden lassen daher Streuobstwiesen und Obstlehrpfade neu anlegen und schützen den vorhandenen Bestand. Mostereien vermarkten Saft von regionalen Streuobstwiesen. Mostfeste bringen heimische Traditionen ins Bewusstsein der Öffentlichkeit und führen Kinder an den naturnahen Obstbau heran. In manchen Gegenden sind auch Patenschaften für einzelne Obstbäume oder ganze Obstwiesen möglich.

Früchte und ihre Verwendung

*

Früchte gehören zu den ältesten Nahrungsmittel des Menschen überhaupt. Bereits in der Steinzeit wurden Früchte gesammelt und auch schon durch Trocknen haltbar gemacht. Ebenfalls sehr alt ist die Bereitung von alkoholischen Getränken, z.B. von Most und Wein.

¬ Zur Blütezeit des Obstbaus im 19. Jahrhundert gab es von verschiedenen Obstarten eine Vielzahl von Sorten. Meist hatte jede Region ihre eigenen Besonderheiten. Viele Sorten waren speziell für einen Verwendungszweck geeignet. Es gab die gerbstoffreichen Mostbirnensorten, Kochbirnen, Backäpfel und Sorten, die besonders zur Herstellung von Dörrobst geeignet waren. Da die Möglichkeiten zur Haltbarmachung beschränkt waren und es noch keine Tiefkühltruhen gab, hatte jede Jahreszeit ihre besonderen Früchte. Im Frühsommer freute man sich über die ersten Beeren, wie Erdbeeren, Himbeeren und Johannisbeeren. Danach wurden auch schon die Kirschen reif. Ihnen folgten Pflaumen, Sommeräpfel, Birnen u.s.w. Man hatte also im Jahreslauf Höhepunkte, auf die man sich freuen konnte.

¬ Nach dem Rhythmus der Früchte richtete sich der Speisezettel. Dabei wurden Früchte auch als Beilage zu Fleisch und Fisch verwendet. Erst seit dem 16. Jahrhundert, also während der Renaissance, wurde es Sitte, die Früchte am Schluß einer Mahlzeit als »Dessert« zu servieren. Mit der Renaissance verschwand auch der mittelalterliche Vorbehalt gegen das Verzehren frischer Früchte. Von Italien ausgehend setzte eine Wiederbelebung der antiken Obstkultur ein und damit auch die Wertschätzung frischer Früchte.

Capaunen mit Äpfeln delikat zuzurichten | Siede die Capaunen in halb Wasser, Wein und Salz, thue 8 Loth Mark in eine Kasserol, 1 Schoppen Wein, ein wenig Muskatnuß und 2 Löffel voll Zucker, rühre 5 Eydotter darein, schäle und schneide 4 gute Äpfel, koche es mit Zucker und Wasser, röste 2 Weckschnitten im Schmalz und nimm von 6 hart gesottenen Eyern das Gelbe, verrühre alles und treibe es mit Wein und Fleischbrühe durch, wenn die Capaunen gesotten sind, so thue sie zu dem andern und giesse 1 Glas starken Wein dazu, laß es mit einander kochen und gieb's auf den Tisch; es ist recht gut. Die gelehrige Hauswirthin, Reutlingen 1815

Senf mit Obst | Man siedet 1 Imi (10 Maas) süßen Wein- oder Zuckerbirnenmost und schäumt ihn fleißig ab; hernach wischt man 9 Quitten mit einem Tuche ab, schneidet solche zu Schnitze, thut auch von 6 Hände voll Zwetschgen die Steine heraus, schält 6 Zuckerbirnen und 9 Borsdorferäpfel, zerschneidet sie auch und wirft alles in den siedenden Most und läßt ihn so lange sieden, bis das Obst recht weich ist; dann preßt man es durch ein Tuch und thut den Most wieder zum Feuer, bröckelt 1 Loth Zimmt in Stückchen, thut solche nebst der Schale von 1 Citrone in den Most und läßt ihn noch so lange sieden, bis er auf die völlige Hälfte eingesotten ist; hernach langt man mit dem Schaumlöffel den Zimmt und die Citronenschale wieder heraus. Wenn man keine frische Zwetschgen hat, so nimmt man geschälte dürre dazu. Zu 5 Maas gesottenem Most nimmt man 1 Pfund braunes und 1 Pfund weißes Senfmehl, rührt solches in einer großen Schüssel, wenn er noch siedend ist, nach und nach daran, und rührt ihn so lange, bis er erkaltet ist, seine gehörige Dicke hat und nicht mehr knollig ist. Dann füllt man ihn in Bouteillen oder Porcellantöpfe, pfropft und bindet sie gut zu und verwahrt sie bis zum Gebrauch im Keller.
Die vollkommene Köchin, Stuttgart 1844

Früchte und ihre Inhaltsstoffe Früchte enthalten eine Vielzahl an wertvollen Inhaltsstoffen, wie Fruchtsäure, Fruchtzucker, Vitamine und Mineralstoffe. Ballaststoffe, Gerbstoffe, pflanzliche Schleimstoffe und schließlich die Aromastoffe, auch Phenole genannt. Diese gehören zur Gruppe der sekundären Pflanzenstoffe, welche noch nicht endgültig erforscht sind. Sie werden von der Pflanze zur Abwehr von Schaderregern gebildet. Da die alten Obstsorten in einer Zeit entstanden sind, als es noch keine chemischen Pflanzenschutzmittel gab, sind sie in der Regel gegen Schaderreger entsprechend geschützt. Die Anzahl der phenolischen Verbindungen ist bei ihnen deutlich höher, das heißt, sie enthalten auch noch mehr Geschmacks- und Aromastoffe und besitzen dazu noch einen ausgeprägten Geruch. Nach modernen ernährungswissenschaftlichen Kenntnissen sind die sekundären Pflanzenstoffe besonders wertvoll. Als sogenannte Bioaktivstoffe üben sie einen positiven Einfluss auf das Immunsystem aus. Aufgrund dieser und auch anderer Inhaltsstoffe sind Früchte nicht nur ein wertvolles Lebensmittel, sondern haben auch eine medizinische Wirkung. Ein hoher Pektingehalt (z.B. des Apfels) normalisiert die Verdauung und wirkt stopfend bei Durchfall. Gerbstoffe wirken entzündungshemmend und helfen bei Entzündungen des Darmes und des Mund- und Rachenraumes. Der Ballaststoff Pektin senkt laut wissenschaftlichen Studien das negative Cholesterin und erhöht das positive Cholesterin. Wildobstarten enthalten in der Regel besonders viele Gerb- und Aromastoffe und schmecken deshalb oft herb-adstringierend. Verarbeitet und veredelt in Form von Marmelade, Saft, Likör oder Branntwein bereichern diese Früchte durch ihre Geschmacksvielfalt unsere Speisen.

Herstellung von Dörrobst Das Trocknen bzw. Dörren von Obst war sicherlich die erste Methode zur Haltbarmachung von Obst, welche bereits in der Steinzeit praktiziert wurde. Die Vorräte an Trockenobst dienten dann im Winter als Grundlage zum Backen und Kochen. Ursache für Fäulnis und Gärung sind Gärpilze und Bakterien, deren Lebensbedingungen Feuchtigkeit, Wärme und Luft sind. Durch Entzug eines oder mehrerer dieser Faktoren kann das Obst haltbar gemacht werden. Beim Dörren wird die Feuchtigkeit entzogen, wodurch die Inhaltsstoffe dann in konzentrierter Form vorliegen. Deshalb schmeckt Trockenobst süßer als frisches Obst. Früher waren Trockenfrüchte wie Pflaumen oder Birnen die einzige »Süßigkeit« im Haushalt. Das Trocknen erfolgte an der Luft oder auf dem warmen Ofen. Später wurden auch spezielle Dörrapparate entwickelt.

¬ Im schwäbischen Raum besonders verbreitet sind die »Hutzeln«. Hutzelig bedeutet im Schwäbischen soviel wie runzlig, womit das Aussehen der getrockneten Birnen auch zutreffend beschrieben wird.

¬ Eine alte kulturhistorische Birnensorte, die »Gelbe Wadelbirne«, war früher in ganz Süddeutschland als Hutzelbirne bekannt. Erstmals wurde sie von Bauhinus (1598) als »Süßelbirne« abgebildet und beschrieben. Die Früchte werden im Winter zu Hutzelbrot verarbeitet, welches auch Früchtebrot, Kletzenbrot oder Schnitzbrot genannt wird. Im Grunde genommen war es ein gewöhnliches Brot, das zur Weihnachtszeit mit dem verfeinert wurde, was es im Haushalt an Süßem gab.

Das waren getrocknete Birnen, Zwetschgen und Honig. Im Lauf der Zeit kamen noch andere Trockenfrüchte sowie Mandeln und Nüsse hinzu. An Heiligabend wurde das Hutzelbrot angeschnitten und mit frischer Butter bestrichen genossen.

¬ Um das Hutzelbrot ranken sich so manche Mythen. Auf die Herstellung musste größte Sorgfalt gelegt werden, denn das Misslingen bedeutete großes Unglück. War der Teig gut geknetet und die Schnittfläche deshalb glatt, dann bedeutete dies ein positives Liebesorakel.

¬ Der Ludwigsburger Dichter Eduard Mörike (1804–1875) setzte dem Hutzelbrot mit seiner Geschichte vom »Stuttgarter Hutzelmännchen« ein Denkmal. Darin heißt es: »Das Hutzelmännchen also gibt dem Schustergesell Seppel, seines Meisters müde geworden, für seine Reise zwei Paar Glücksschuhe und einen besonderen Laib Hutzelbrot mit. Damit jener auf seinem Fußweg von Stuttgart über die Alb nach Ulm – und noch weiter – gut gerüstet sei …«

Schnitz-Brod, auch Hutzel-Brod genannt | Einen Vierling (der 4te Teil eines Würt. Simri) Schnitze und einen Vierling Zwetschgen kocht man jedes besonders weich, steint die Zwetschgen aus, und verliest die Schnitze pünktlich, daß Butzen, Stiele und Steine sauber herauskommen. Nun mengt man sie erst unter einander, läßt ein Pfund gewaschene große und eben so viel kleine Rosinen mit einem Glase Wein aufquellen, nimmt ein Pfund geschälte Mandeln, die Kerne von einem halben Vierling (Würt. Meß.) Nüssen, die Schalen von 2 Zitronen, 6 Loth Pomeranzenschalen und eben so viel Zitronat, schneidet dieß Alles gröblich, stoßt 4 Loth Zimmet und ein halbes Loth Nägelein grob, verliest 2 Loth Fenchel und 4 Loth Anis sauber, und schafft dann Alles zusammen unter die Schnitze und Zwetschgen. Wenn die Brühe von den Schnitzen und Zwetschgen bis auf einen Schoppen eingekocht ist, wird sie auch dazu genommen, denn Branntewein oder Kirschengeist machen das Brod trocken. Bey'm Bäcker nimmt man nur so viel reifen Taig, als zu 8 Pfund Brod gehört, und schafft ihn nebst 6 Eßlöffeln voll dicker Bierhefe und einem halben Vierling Mehl stark in die Schnitz- oder Hutzel-Masse. Sollte der Taig zu ring (dünn) sein, so würgt man noch etwas mehr Mehl darein, und läßt ihn in dem Geschirr, bis er reif ist, macht dann nach Belieben Laiblein daraus, welche man wieder gehen läßt und sie hierauf erst backt. Hiebey ist aber zu bemerken, daß sie recht ausbacken müssen, und nicht zu bald aus dem Ofen kommen dürfen. Nach dem Backen können sie mit Zuckerwasser überfahren, oder so gelassen werden.

Bemerkung: Man kann statt des Brodtaigs vom Bäcker selbst einen Taig verfertigen. Hiezu nimmt man ein Viertel-Simri Weiß-Mehl in eine große Schüssel, rührt die

Hälfte davon mit dem Satz von einer halben Maaß Bierhefe und der zurückbehaltenen Schnitzbrühe an, läßt sie reif werden, thut dann zuerst die Schnitze, dann die Rosinen und Mandeln darein, schafft ihn recht untereinander, daß er in der Dicke wie ein feiner Brodtaig wird, läßt ihn noch einmal bey gelinder Wärme gehen, und formirt dann erst Laiblein davon, und backt sie, wie oben gemeldet. Es können auch Zitronat, Pomeranzenschalen, Vanille und Feigen nach Belieben dazu genommen werden. Letztere läßt man mit den Rosinen aufquellen, und schneidet sie darunter. Hauptsächlich ist aber zu bemerken, daß Alles in gleicher Wärme und nichts zu kalt darunter kommt, weil sonst das Brod fest wird.

Schitz- oder Hutzel-Brod auf andere Art | Wenn von allem Gemeldeten nur der halbe Theil genommen worden ist, würgt man statt des Brod-Taigs für 12 Kreutzer Wecktaig und 4 Eßlöffel gute Bierhefe tüchtig darein, und läßt es reif werden, wällt dann von gutem Weck- (Weißbrod-) oder mürbem Taig runde Kuchen, so groß ein Laiblein werden soll, thut von der Masse darauf, macht es nun erst zu einem runden Laiblein, legt solche auf mit Mehl bestreute Bleche, stupft sie und bäckt sie langsam. Wenn sie halb gebacken sind, werden sie mit einem Ey, worunter etwas Honig gerührt ist, überfahren, und vollends ausgebacken.

¬ Eine ebenfalls altbekannte Speise aus Trockenobst ist das Quittenbrot. Hierbei handelt es sich nicht um ein Brot, sondern um Fruchtkonfekt. Bei dessen Herstellung wird Quittenmus durch Trocknen haltbar gemacht.

Zu Quitten-Brod | siedet man 6 bis 8 Quitten, schält sie, reibt sie auf dem Reibeisen, behält davon 18 Loth Quittenmark, und setzt ein Pfund Zucker mit einem Schoppen Wasser in einer messingnen Pfanne zu. Wenn er kocht und verschäumt ist, rührt man das Quittenmark in einer Schüssel damit an, thut es wieder in die Pfanne, kocht die Masse über schwachem Feuer unter beständigem Rühren so lange, bis sie ganz dick ist, nimmt sie nun in eine Schüssel, läßt sie unter beständigem Rühren kalt werden, drückt von einer Zitrone den Saft darein, damit er weiß wird, kocht für 2 Kreutzer zuvor in Wasser eingeweichten spanischen Flor in einem Glase Wasser, thut 10 Loth Zucker in eine Pfanne, das Florwasser daran, 6 Loth Quittenmark dazu, kocht dieß ebenfalls auf schwachem Feuer so lange, bis die Masse dick ist, nimmt dieß auch in eine besondere Schüssel, macht einen reichen Schachteldeckel durchaus naß, breitet von dem weißgekochten Quittenmark einen Teil darauf aus, von dem rothen darüber, wieder etwas von dem weißen, abermals rothes darauf, und zum letzten Mal weißes darüber, bestreut das obere mit geriebener Chocolade, läßt es

2 Tage in einem warmen Zimmer stehen, macht ein Messer naß, und schneidet die Masse zu Stücklein, welche auf weißem Papier noch einen Tag getrocknet werden.

Handbuch für Frauenzimmer, Reutlingen 1834

¬ Neben der Verwendung in Süßspeisen war Dörr- oder Backobst auch eine wichtiger Bestandteil des täglichen Speiseplans. Es wurde auch als Beilage Fleisch gereicht. Das »Schlesische Himmelreich« ist eine typische Mahlzeit aus dem, was die Vorratskammer zu bieten hatte.

Schlesisches Himmelreich | 250 g gemischtes Backobst, 1 l Wasser, 1/2 Teel. Salz 400 g magerer geräucherter Schweinebauch, 1 Eßl. Zucker, 1/2 Stange Zimt, 1 Eßl. Zitronensafl Eßl. Speisestärke

Das Backobst mit 1/2 l Wasser begießen und zugedeckt 12 Stunden quellen lassen. Das restliche Wasser mit dem Salz zum Kochen bringen, den Schweinebauch hineinlegen und bei mittlerer Hitze 45 Minuten kochen lassen; den Topf dabei bis auf einen Spaltbreit zudecken. Das Backobst abtropfen lassen und mit dem Zucker, der Zimtstange und dem Zitronensaft zum Schweinebauch geben. Alles weitere 30 Minuten kochen lassen. Das Fleisch dann aus dem Sud heben, in dicke Scheiben schneiden und warm halten. Die Speisestärke mit wenig kaltem Wasser anrühren und die Sauce damit binden. Die Sauce noch einmal kräftig süßsauer abschmecken. Das Backobst in eine Schüssel geben und die Fleischscheiben darauf anrichten. Dazu passen Hefeklöße.

Most Der Most gehört zu den ältesten Kulturgetränken und war lange Zeit auch eines der Wichtigsten. In den klassischen Obstanbaugebieten und auch in den höheren und kühleren Lagen, in denen Reben im Gegensatz zu Äpfeln und Birnen nicht mehr gut gediehen, ist die Herstellung von Most sehr verbreitet.

¬ Die Bereitung von Wein aus Äpfeln und Birnen oder auch aus anderen Früchten war in Süddeutschland bereits in der Jungsteinzeit bekannt, wie Funde von Trester (Rückstände nach der Pressung) aus Apfel- und Birnenkernen beweisen. Allerdings müssen es Wildfrüchte gewesen sein, die gesammelt und verarbeitet wurden.

¬ Der römische Feldherr und Schriftsteller Plinius der Ältere (23–79 n.Chr.) berichtet, dass nördlich der Alpen aus allerlei untauglichem Obst Wein gekeltert würde, denn die vorschwäbischen Kelten bereiteten

ihren Trank vermutlich noch aus Wildobst. Der Most kam also nicht erst mit den Römern in unser Gebiet. Most ist allerdings ein lateinisch-romanisches Lehnwort, denn die römischen Eroberer brachten nicht nur ihr Wissen um die Obstzucht und das Keltern mit, sondern auch die Begriffe. Das lateinische MUSTUS heißt soviel wie jung, frisch, neu. VINUM MUSTUM ist also der junge Wein. Aus MUSTUM wurde Most, wie der Apfelwein im süddeutschen, schweizerischen und österreichischen Raum genannt wird. Das mag damit zusammenhängen, dass Wein aus Äpfeln und Birnen in der Regel jung, binnen eines Jahres, getrunken werden sollte, damit es nicht zu Geschmackseinbußen kommt. Die germanischen Sueben übernahmen die Mostkultur der Römer und bezeichnetet das Getränk als Lit. Dieser Begriff steckt noch in dem Begriff Litgebe oder auch Leutgeb, was so etwas wie Mostwirt bedeutet.
¬ Karl der Große, ein eifriger Förderer der Landwirtschaft und des Obstbaus, sorgte auch dafür, dass in seinem Reich gemostet wurde. In seiner Verwaltungsvorschrift für seine Landgüter, dem *Capitulare de villis* ordnete er im Jahre 812 an, dass jeder Richter unter seinem diensthabenden Personal tüchtige Meister habe, auch solche Leute, die berauschende Getränke, sei es Bier, Birnenwein oder Apfelwein bereiten könnten. Der Most war schon bald als Volksgetränk verbreitet, insbesondere in den Gebieten westlich des Limes, also in den ehemals römisch besetzten Gebieten.
¬ Doch als der Mostkonsum stetig anstieg, missfiel das der Obrigkeit, denn der Most gehörte zu jenen Erzeugnissen, die dem »kleinen Zehnten« unterworfen waren, und dieser ging meistens an den örtlichen Geistlichen. Wein hingegen unterlag dem »großen Zehnten«, welcher in die Kasse des Herzogs abgeführt wurde. Nur so ist eine Verordnung des Herzogs Eberhardt III. von Württemberg zu erklären, in der ein »Generalverbot gegen das Mosten« ausgesprochen wurde. Lediglich ein geringes Quantum zur Herstellung von »Geseltz« durfte gemostet werden. Erst 1776 wurde die Mostherstellung unter Herzog Carl Eugen wieder liberalisiert.

Johannisbeer-Wein | Recht reife Johannisbeere werden abgezopft, in einem hölzernen oder irdenen Gefäß mit einem hölzernen Spatel zerdrückt und über Nacht stehen gelassen; dann preßt man ihn durch ein Tuch oder Haarsieb und nimmt zu jedem Schoppen Saft 1 Pfund feinen Zucker und ½ Maas Wasser, der Zucker wird gestoßen, mit dem Wasser in einer Schüssel aufgelöst und der Saft dazu gethan. Dann füllt man es in ein mit Muskatnuß eingebranntes Fäßchen; wenn man es stark haben will, so nimmt man zu 6 Maas dieser Flüssigkeit 1 Schoppen Franzbranntwein; das Fäßchen muß schon einen Hahnen haben, auch ist es besser, wenn man ein Fäßchen dazu nimmt, in welchem schon Wein war. Man füllt es wegen dem Gähren nicht ganz voll und behält zum Auffüllen etwas zurück, das man in Bouteillen füllt und mit Papier überbindet. Das Fäßchen wird im Keller auf Holz gestellt und ein Tuch über das Spundloch gelegt, damit nichts hinein fallen kann. So läßt man es unverrückt 4 Wochen lang, bis die Gährung vorüber ist, liegen; dann füllt man es auf und spundet es zu. Nach 6–8 Wochen zapft man ihn in Bouteillen, läßt sie über Nacht unzugedeckt stehen, dann pfropft und bindet man sie zu. Anmerk.: Man hüte sich sehr, den Saft mit der Hand zu berühren. Die vollkommene Köchin, Stuttgart 1844

Mostherstellung Vom Obst am Baum bis zum Most im Fass ist es ein langer Weg. Das Obst muß erst mühsam geschüttelt und gesammelt werden, am besten in Jutesäcken oder Holzkisten. Plastiksäcke sind ungeeignet, weil das Obst darin schwitzt und sich dann Fäulnis oder Schimmel bilden. Überhaupt sollte das Obst beim Sammeln sehr sorgfältig sortiert werden, denn ins Mostfass sollten nur einwandfreie Früchte wandern. Die Früchte werden dann sorgfältig gewaschen. Früher geschah das in Holzzubern, heute geht das meistens vollautomatisch. Dann werden die Früchte in grobe Stücke zermahlen und mit viel Kraft ausgepresst. Erste Arbeitserleichterungen brachten zunächst die fahrbaren Mostpressen, später, in der ersten Hälfte des 20. Jahrhunderts entstanden auch Lohnmostereien mit größeren Saftpressen. Der frisch gepresste Most kommt ins sauber geputzte Fass, am Besten in ein Holzfass. Damit der Saft zur Gärung kommt , braucht es die Hefe. Wilde Hefen sind von Natur aus auf den Früchten vorhanden. Will man den Vorgang beschleunigen oder in eine bestimmte Richtung lenken, setzt man Reinzuchthefen zu, wodurch sich weniger flüchtige Säuren entwickeln. Bei der Gärung wird der in den Früchten vorhandene Zucker in Alkohol, Kohlensäure und Energie umgewandelt. Je höher der Zuckergehalt der Früchte, desto stärker der Most. Ein Teil der entstehenden Kohlensäure wird im Most gebunden, was ihn so spritzig macht. Wichtig für einen guten Most ist ein ausgewogenes Zucker-Säure-Verhältnis. Ist zu wenig Säure im Most, schmeckt er fad. Spezielle Mostapfelsorten enthalten in der Regel genügend Zucker und Säure. Birnen sind relativ säurearm, die Mostbirnen enthalten dafür ziemlich viel Gerbstoffe, die den Most herb und adstringierend machen. Sie sind wichtig für die Klärung des Mostes. Allerdings sollte der Anteil gerbstoffreicher Sorten nicht zu hoch sein. Im süddeutschen Raum ist ein Mischungsverhältnis von 70% Äpfeln und 30% Birnen üblich. In Österreich sind dagegen auch reine Birnenmoste verbreitet. Früher wurden dem Most teilweise noch Speierlingsfrüchte oder Quitten beigegeben. Diese waren ebenfalls für die Klärung und die geschmackliche Abrundung zuständig.

¬ Noch vor wenigen Jahrzehnten konnte man im Herbst überall in den Dörfern beobachten, wie die alten Eichenfässer geputzt und wieder füllfertig gemacht wurden. Doch mit zunehmenden Wohlstand verlor der Most seine Bedeutung als Alltagsgetränk. Mit den Mostfässern sind leider auch die schönen alten Mostbirnenbäume allmählich verschwunden.

Birnen-Most zu kochen | Man nimmt dazu ganz gemeine Birnen. Will man aber den Most süß und gut haben, so muß man keine verdorbenen Birnen nehmen. Von einem großen Korb voll Birnen gibt es einen halben Zuber voll Most. Wenn der Most gepreßt ist, so läßt man ihn über Nacht oder einige Stunden stehen, damit sich das Unreine unten absetzen kann. Nimm dann eine Serviette und schütte ihn dadurch in einen Einmach-Kessel. Laß den Most einkochen, bis auf die Hälfte; hernach nimm 50 bis 70 schöne süße Äpfel, die nicht zerkochen, und im Kochen schön roth werden; schäle und schneide sie in 4 Theile, nimm das Kernhaus sauber heraus; schäle 5 schöne Quitten, schneide alles Steinichte heraus, und zerschneide sie in Schnitze, wie zum Einmachen, und etwas 4 gelbe Rüben schneide in dünne längliche Stückchen. Man kann auch Birnen dazu schälen, die nicht wässericht sind; jedoch ohne Birnen wird der Most besser. Alles dies zusammen wird in den Most gethan; zugleich bindet man in ein kleines Tuch Anis und Gewürznelken, und kocht es dann bey 6 Stunden miteinander. Während dem Kochen muß man es öfters umrühren, damit es unten nicht ansitzt; wenn es dick ist, wird es hernach in irdenen oder steinernen Töpfen aufbewahrt. Oberrheinisches Kochbuch, Mühlhausen 1811

Einkochen von Obst Das Einkochen bzw. Eindicken von Früchten zu »Geseltz« bzw. Sirup war schon früh verbreitet. Durch langes Kochen wird ein Großteil des enthaltenen Wassers verdampft, und die Masse wird dickflüssig. Allerdings leidet darunter sehr stark der Vitamingehalt und das Aroma.

¬ Hieronymus Bock schreibt in seinem Kräuterbuch »dass man aus den Hagebutten eine »Lattwerge« bereitet, »nit allein zu der Artzney, sondern auch zu der Speiss anstatt einer Salzen«. Auch die Zubereitung derselben wird geschildert: »Sie sieden es (die Hagebutte) mit Wasser, treiben es durch ein rein hären Sieb, vermischen frischen Most dazuvon ausgepreßten Trauben, lassens zu ziemlicher Dick sieden, welches dem flüssigen Magen und denen, so zu den Bauchfluß geneigt sind, nützlich ist, mit dick rotem Wein gleich einer Salzen angemacht und zur Speiss genossen.« Wirsung fügt an anderer Stelle noch hinzu, dass »manche Leute noch Küttenschnitzen (Quittenstückchen) mitkochen und dass diese Marmelade mehr bei dem gemeinen Manne als bei den Apothekern gebräuchlich sei.«

¬ In verschiedenen nachmittelalterlichen Kräuterbüchern finden sich solche Hinweise auf die Herstellung von Mus (Latwerge) aus Kulturfrüchten und auch aus Wildobst, wobei jedoch medizinische Zwecke im Vordergrund standen.

Hagebutten-Zierapfel-Marmelade | 1 kg Hagebutten entstielen und die Blütenansätze wegschneiden; halbieren und mit dem Messer Kerne entfernen. Die Schalenhälften mehrmals gut waschen, bis alle Samenhärchen herausgelöst sind. In 1/4 l Wasser 40 Minuten kochen, passieren. 600 g Zieräpfel waschen, halbieren, mit 1/8 l Wasser 5 Minuten kochen, passieren. Je Fruchtart erhält man etwa 500 g Mark. Beides vermischt man, gibt je nach Geschmack 500–700 g Zucker hinzu und kocht Marmelade daraus. Die pektin- und säurereichen Zieräpfel erfordern keinen Zusatz von Geliermittel.

Ebereschen-Kompott nach Preiselbeerenart | 1 kg Ebereschen waschen, in einen Topf geben, soviel Wasser zugeben, dass der Topfboden gerade bedeckt ist. Weich kochen und darauf achten, dass die Früchte nicht platzen. Zucker zugeben und nochmals kurz aufkochen. In Gläser füllen und verschließen. Verwendung: Beilage zu Wild- Rinder- und Sauerbraten; köstliche Süßspeise zusammen mit Schlagsahne.

¬ Bei der vielseitigen Verwendung von Früchten in der Küche wurde genau auf deren Verwertungseigenschaften geachtet, denn nicht jede Sorte eignete sich für jeden Verwendungszweck. Wenn man einen Apfelkuchen backen möchte, braucht man eine säuerliche Sorte, die beim Backen schön weich wird, dabei aber nicht zerfällt. Hierfür sind Berlepsch, Boikenapfel, Gravensteiner und Schafsnase besonders geeignet.

Apfeltorte | ½ Pfund weichgerührte Butter, 24 Eidotter, von 2 Citronen die Schalen abgerieben, 1 Pfund gesiebten Zucker rühre man zusammen eine halbe Stunde, gebe dann 1 ½ Pfund geschälte und fein geschnippelte Äpfel dazu, rühre es nochmals zehn Minuten, schlage das Weiße von den Eiern zu Schaum und gebe diesen mit 12 Stück feingestoßenen kleinen Zwiebäcken eins ums andere ebenfalls dazu, rühre es dann gut durch und lasse es in einer Springform bei mäßiger Hitze zwei Stunden backen. Kochbuch für alle Stände, Oldenburg 1853

¬ Auch die Zubereitung von Kompott zur Bereicherung des alltäglichen Speiseplans war schon früh verbreitet. Es diente nicht nur als köstliche Süßspeise, sondern auch als Beilage zu Wild- und Fleischgerichten.

Compote von Quitten | Die Birnen-Quitten sind besser zu einer Compote, weil sie sich schöner kochen als die Äpfel-Quitten, diese hingegen taugen besser zur Marmelade. Man schält also Birnen-Quitten, schneidet sie in 2, wenn sie groß sind, auch in 4 Theile, das Steinige sauber heraus, macht in einer messingenen Pfanne Wasser siedend, siedet die Quitten weich darin, nimmt sie wieder auf eine Platte heraus, setzt dann erst 1 auch 2 Schoppen Wein, nachdem es viel oder wenig Quitten sind, mit einem Stück Zucker zu, thut ein Stücklein Zimmet, etwas Zitronenschalen und 3 ganze Nägelein (Nelken) darein. Sobald der Wein siedet, legt man die Quitten nebst der in ein Tüchlein gebundenen Kernen derselben darein, deckt sie zu, und kocht sie wie die Birnen langsam auf Kohlen. Wenn sie zu einer kurzen Gelee eingekocht sind, legt man die Quitten auf einen Saladier, gießt die Gelee darüber, und streut sie mit klein geschnittenen Zitronen- oder Pomeranzenschalen. Handbuch für Frauenzimmer, 1834

Caramel zu kochen, um Früchte zu candiren | Man stoßt 1–2 Pfund feinen Zucker, je nachdem man wenig oder viel Früchte candiren will, befeuchtet ihn mit ½ bis 1 Schoppen Wasser und läßt ihn in einer nicht verzinnten Casserolle oder messingenen Pfanne klar kochen und verschäumt ihn gut. Wenn er klar wie Wasser ist und Blasen zu werfen anfängt, so muß man sehr aufmerksam darauf seyn, weil er dann bald gut ist, und sobald die Blasen in kleine Perlen kochen, kann man schon den Versuch auf folgende Weise machen: man taucht einen Speiler (Hölzchen) in den Zucker, nimmt etwas damit auf und wirft es ab, zieht er Faden wie ein Spinngewebe und ist dabei hart, so ist er bald gut. Nun tauche man den Speiler in Wasser und dann in den Caramel, wenn man, nachdem er ein wenig abgekühlt ist, darauf beißt und er wie Glas springt, so ist er gut und man kann damit alle Sorten Früchte, als Castanien, Haselnüsse, Himbeere, Kirschen, Pflaumen etc. candiren. Die vollkommene Köchin, Stuttgart 1844

Verwendung von Obst für medizinische Zwecke In den mittelalterlichen Kräuterbüchern wird Obst vorwiegend aufgrund seiner medizinischen Wirkung erwähnt. Der Genuss von rohem Obst wird dagegen nicht empfohlen, sondern eher als gesundheitsschädlich abgelehnt. Birnen dienten in gekochter Form als Heilspeise, und verschiedene Beerensäfte wurden wegen ihrer kühlenden Wirkung zur Erfrischung bei hitzigen Fiebern eingesetzt. Gerbstoffreiche Früchte dienten aufgrund ihrer zusammenziehenden Wirkung als Mittel gegen Durchfall und Ruhr. Hildegard von Bingen empfiehlt z.B. in ihrer Schrift *Physica* Birnenhonig als Arznei gegen Kopfschmerzen »kostbarer und nützlicher als das reinste Gold ...denn es vernichtet alle üblen Säfte im Menschen und reinigt den Menschen so, wie ein Geschirr von Schmutz gereinigt wird.«

Birnenhonig | Zutaten: 5 Birnen, 250 g Honig, 30 g Bärwurzpulver, 25 g Galgantpulver, 20 g Süßholzpulver, 15 g Mauerpfefferpulver

Zubereitung:Die Birnen waschen und vierteln. Das Kerngehäuse und die Stiele entfernen. Die Birnenviertel in Wasser weichkochen. Das Wasser abgießen und die Birnen pürieren. Den Honig im Wasserbad erwärmen. Das Kräuterpulver und das Birnenpüree kräftig darin verrühren. Von diesem Birnenhonig nimmt man morgens nüchtern 1 Teelöffel, nach dem Mittagessen 2 Eßlöffel und abends vor dem Schlafengehen 3 Eßlöffel.

Agrest | Dies ist die angenehme, aus frischen, noch nicht völlig reifen Traubenbeeren gepreßte Säure, welche die Stelle der Citronensäure vertreten kann. Man kocht den ausgepreßten, geläuterten Saft mit halb so viel Zucker, als der Saft Gewicht hat, dicklicht ein, und stellt so den Agrest her. Er hält sich in Gläsern und Steintöpfen sehr lange, und wird Kranken, vorzüglich solchen, die an der Galle leiden, theelöffelweise gereicht. Er kühlt und erquickt in allen Fiebern.

Die vollkommene Köchin, Stuttgart 1844

¬ Selbst als Schönheitsmittel kamen die verschiedenen Obstarten zum Einsatz. Hierzu wurden nicht nur die Früchte verwendet, sondern auch Blätter, Blüten, Rinde und vieles mehr. Als Mittel für glänzende Augen empfiehlt Hildegard von Bingen folgendes Rezept:

Apfelblätter für glänzende Augen | Man nehme im Frühling die Blätter jenes Baumes, bevor er die Früchte des Jahres hervorbringt – nämlich dann, wenn die

Blätter im ersten Ausbrechen zur Frühlingszeit sind, weil sie dann zart und heilkräftig sind wie die jungen Mädchen, bevor sie Kinder bekommen. Diese Blätter zerstoße man und drücke ihren Saft aus und gebe dazu ein gleiches Maß von Tropfen, die aus der Rebe fließen, und bringe das zusammen in ein Gefäß. Abends vor dem Schlafengehen salbe man damit die Lider und die Augen mit einer darin eingetauchten Feder ein wenig, wie wenn Tau auf das Gras fällt, und so, dass nichts ins Auge gelange. Und dann besprenge man die zerstoßenen Apfelblätter mit den genannten Tropfen, die aus der Rebe fließen, und lege dies auf die Augen und halte dies mit einem Tuch zusammen.

Wildobst

*

Neben den »klassischen« Obstsorten Apfel, Birne, Kirsche, Pflaume sollte man das Wildobst nicht vergessen. Als Wildobst gelten die Früchte, die vom uns Menschen nur wenig genutzt oder züchterisch veredelt wurden. Bekannt ist zum Beispiel der Holunder, aber auch die Schlehe und die Eberesche werden in der Küche genutzt. Einheimische Wildobstarten bereichern aus ökologischer Sicht den Garten, weil sie vielen Tieren Nahrung bieten. Sie geben Pollen und Nektar für die Insekten sowie Beeren für Vögel, Igel und Mäuse. Allein die Beeren der Eberesche werden von 63 Vogelarten gefressen. Wildobst braucht darüber hinaus meist kaum Dünger oder Schutz gegen Schädlinge. Wenn man nicht auf hohen Ertrag aus ist, eignet sich eine Hecke aus Wildobststräuchern auch als Windschutz für den Garten. Allerdings werden auch viele Wildobstarten von der Obstbaumkrankheit Feuerbrand befallen, sie sind also nicht in jedem Fall resistenter als andere Obstsorten.

¬ In der Antike und im Mittelalter kannte man zahlreiche Verwendungen für das Wildobst: Mit Holunderbeeren wurde gefärbt, Vogelbeeren schrieb man Heilkräfte zu. Für die medizinischen Anwendungen der Wildobstsorten gibt es eine gute Grundlage: Die Früchte sind meist reich an Vitaminen, die Hagebutte etwa an Vitamin C und die Früchte der Eberesche an Vitamin A. Diese und andere Wirkstoffe werden heute in der Kosmetikindustrie genutzt, etwa für Weißdorn- oder Sanddorncreme. Für die Industrie wird Wildobst heute auch gewerblich angebaut, besonders in Osteuropa, die bedeutendsten Produzenten sind Ungarn und Bulgarien.

¬ Daneben sorgte Wildobst immer schon für Abwechslung auf dem Speisezettel gerade der einfachen Leute und für eine Nahrungsreserve in schlechten Zeiten. Wichtig waren sie auch lange Zeit für die Herstellung von Spirituosen. Viele Rezepte zeugen bis heute davon.

Ebereschen-Quitten- Konfitüre | Ebereschen von den Dolden abzupfen, waschen und mit wenig Wasser in einem großen Topf weichkochen und passieren. 500g von dem so entstandenen Ebereschenmark, ½ l Quittensaft und 1 kg Zucker in einem großen Topf vermischen und unter Rühren bis zur Gelierprobe erhitzen, in heiße Gläser füllen und sofort verschließen.

Syrup aus Berberitzensaft | Man zerdrückt die Berberitzen, thut sie in einen Topf und stellt sie 1 bis 2 Tage in den Keller; dann preßt man sie aus und verdickt den Saft über gelindem Feuer, damit er nicht zu braun wird. Er ist zum Punsch, mit rothem Wein angefertigt, recht gut statt des Citronensaftes zu gebrauchen. Mit einem Theelöffel voll dieses Syrups kann man eine Bowle Punsch säuern. Die vollkommene Köchin, Stuttgart 1844

Dörrlitzen in Essig (Kornelkirschen) | Man nimmt 2 Pfund Dörrlitzen, liest sie rein aus, thut sie in ein Zuckerglas, kocht 1 Schoppen Essig, ½ Pfund Zucker, ein Stückchen gebröckelten Zimmt und 1 Quint Nelken mit einander, schäumt es wohl ab, läßt den Essig ein wenig abkühlen, gießt ihn dann über die Dörrlitzen und läßt sie ein paar Tage in der Sonne destilliren. Dann gießt man den Essig ab, macht ihn wieder siedend, nimmt, wenn es nicht gut über die Früchte gehen sollte, noch etwas Essig dazu, läßt die Dörrlitzen, wenn der Essig recht ist, ein paarmal darin aufkochen, gießt sie, abgekühlt, in das Glas und bewahrt sie wie gewöhnlich auf. Man gibt sie, wie Kirschen, Johannisbeere u. dgl. zum Rindfleisch oder Braten. Die vollkommene Köchin, Stuttgart 1844

Holder einzumachen | Man verwällt den Holder, wenn er noch kleine grüne Knöspchen hat, abgezopft und gewaschen ist, ein wenig im Salzwasser, legt ihn dann auf ein Tuch, und wenn er abgetrocknet ist, in ein Zuckerglas, gießt Essig darüber, bedeckt ihn mit einem Guß von zerlassenem Rindschmalz und bewahrt ihn im Keller auf. Die vollkommene Köchin, Stuttgart 1844

Ebereschenlikör | 500 g Ebereschenfrüchte, 1 Liter 40-prozentiger Korn, 100 ml Weißwein, 50 g weißer Kandiszucker: Die gewaschenen Früchte in ein verschließbares Glasgefäß füllen und mit dem Alkohol aufgießen. An einen warmen, hellen Ort stellen und wöchentlich schütteln. Nach sechs Wochen filtrieren. Den Kandiszucker im Weißwein auflösen und den Likör damit süßen. Den Likör in Flaschen abfüllen und einige Zeit im Keller reifen lassen.

Dörrapfelpastete mit Holunderkompott | 100 g geschälte Dörrapfelschnitze, 500 ml Apfelsaft, 10 Lindenblüten, 2 g Agar-Agar, 300 g Holunderbeeren, 1 Apfel, 100 ml Apfelsaft, 1 g Agar-Agar

500 ml Apfelsaft mit den Lindenblüten aufkochen. Die Dörrapfelschnitze in eine Schüssel geben und mit dem heißen Apfelsaft durch ein Sieb übergießen. 3 Stunden ziehen lassen. Zwei Gramm Agar-Agar mit Wasser verrühren und zu den Äpfel geben, das ganze aufkochen und bei kleiner Hitze etwa 20 Minuten köcheln. In eine Springform von 18 cm Durchmesser füllen und gut durchkühlen, damit es schnittfest wird. 300 g Holunderbeeren mit einem geschälten, gewürfelten Apfel, 100 ml Apfelsaft und 1 g Agar-Agar aufkochen, 10 min köcheln und dann abkühlen lassen.

Die Dörrapfelpastete mit dem Holunderkompott servieren.

Die Haselrute *Eines Nachmittags hatte sich das Christkind in sein Wiegenbett gelegt und war eingeschlafen, da trat seine Mutter heran, sah es voll Freude an und sprach »Hast du dich schlafen gelegt, mein Kind? Schlaf sanft, ich will derweil in den Wald gehen und eine Handvoll Erdbeeren für dich holen; ich weiß wohl, du freust dich darüber, wenn du aufgewacht bist.«*

Draußen im Wald fand sie einen Platz mit den schönsten Erdbeeren, als sie sich aber herabbückt, um eine zu brechen, so springt aus dem Gras eine Natter in die Höhe. Sie erschrickt, läßt die Beere stehen und eilt hinweg. Die Natter schießt ihr nach, aber die Mutter Gottes, das könnt ihr denken, weiß guten Rat, sie versteckt sich hinter eine Haselstaude und bleibt da stehen, bis die Natter sich wieder verkrochen hat. Sie sammelt dann die Beeren, und als sie sich auf den Heimweg macht, spricht sie: »Wie die Haselstaude diesmal mein Schutz gewesen ist, so soll sie es auch in Zukunft andern Menschen sein.« Darum ist seit den ältesten Zeiten ein grüner Haselzweig gegen Nattern, Schlangen, und was sonst auf der Erde kriecht, der sicherste Schutz.

AUS DEN MÄRCHEN DER GEBRÜDER GRIMM

Obstbäume in Mythologie, Volksglaube und Brauchtum

*

Fruchttragende Bäume und Früchte, insbesondere der Apfel, spielen seit Alters her in der Mythologie verschiedener Kulturen eine große Rolle. Dies zeugt auch von der hohen Wertschätzung, teilweise sogar Ehrfurcht, die den Obstgehölzen in der Vergangenheit entgegengebracht wurde. Das innige Verhältnis, das die Menschen zu ihren Obstbäumen hatten, äußert sich auch in zahlreichen Bräuchen, die sich an sie knüpfen. Häufig dienten Obstgehölze als Fruchtbarkeitsorakel, Glücksorakel und Liebesorakel. Viele Bräuche gibt es auch, durch welche die Obstbäume veranlasst werden sollen, reichlich Früchte zu tragen. Vielfach werden den Bäumen hierfür Opfer gebracht. In der sympathetischen Medizin werden Krankheiten auf Obstbäume übertragen.

Mythen und Geschichten um den Apfel Der Apfel ist ein uraltes Symbol der Erde und des Weiblichen, weshalb er schon von Anfang an den Göttinnen der Liebe und der Fruchtbarkeit zugesprochen wurde, in Babylon der Ischtar, in Griechenland der Aphrodite und bei den Römern der Venus. Die Legende vom Paradiesbaum, dessen Früchte Unsterblichkeit verleihen sollen, taucht in vielen Märchen und Mythen verschiedener Völker immer wieder auf. In der nordischen Mythologie war es die Göttin IDUN, welche im Besitz der goldenen Äpfel des Lebens war. Die Äpfel sorgten dafür, dass die Götter und Göttinnen von Asgard ewig jung blieben. Einmal jedoch wurde Idun vom Riesen Tjatse entführt und zu seinem Wohnsitz nach Jotunheim verschleppt. Dies war ein großes Unglück für Asgard, denn schon bald wurden die schönen goldhaarigen Götter und Göttinnen runzlig, grau und bucklig. Glücklicherweise gelang es Loke mit Hilfe von Freias magischem Federgewand, Idun zu befreien und nach Asgard zurückzubringen. Sogleich verteilte sie ihre Äpfel, die auch schnell ihre Wirkung taten.

¬ Die griechische Sage erzählt von den HESPERIDEN, den Töchtern des Atlas, der das Himmelsgewölbe trug. Ihre Aufgabe war es, die schönen Gärten im äußersten Westen, im Land gegen Abend, zu pflegen. Dort hatte Hera, die Gattin des mächtigen Zeus, einen Apfelbaum gepflanzt, den sie von der Mutter Erde als Hochzeitsgeschenk bekommen hatte. Dies war ein besonderer Apfelbaum, denn seine goldenen Früchte spendeten ewige Jugend. Da viele diese Äpfel rauben wollten, wurden die Gärten der Hesperiden von dem schrecklichen Drachen Ladon bewacht, welcher niemals schlief. Eine der Aufgaben des Herakles war es, drei dieser goldenen Äpfel zu pflücken.

¬ Auch im keltischen Märchen wird von einem wunderschönen Apfelbaum berichtet, der goldene Lebensäpfel trägt. Dieser stand auf der Insel AVALON, welche im äußersten Westen jenseits des Sonnenuntergangs lag. Nur die Licht- und Todesgöttin Morgaine konnte Einlass gewähren. Unwissende durften nicht von den streng verbotenen Früchten kosten.

¬ Ebenfalls streng verboten waren die »Früchte vom Baum der Erkenntnis« im biblischen Garten EDEN, welchen Gott gepflanzt hatte. Dieser sollte irgendwo an den Flüssen Euphrat und Tigris in Mesopotamien liegen. Die Bezeichnung »Paradies« stammt aus dem Persischen und bedeutet so viel wie Garten oder Park. Die ersten Menschen lebten dort wunderbar, es gab reichlich zu essen für alle, und Krankheit und Tod waren unbekannt. Nur die Früchte vom »Baum der Erkenntnis des Guten und Bösen« sollten Adam und Eva nicht essen. Die Missachtung des Verbots führte schließlich zur Vertreibung aus dem Paradies. Ob es sich nun bei besagter Frucht um einen Apfel gehandelt hat, bleibt offen, denn in der Bibel steht lediglich das hebräische Wort PERI, was Frucht bedeutet, während an anderen Stellen der Bibel durchaus das hebräische Wort TAPPUACH für Apfel steht. Martin Luther übersetzte das Wort ebenfalls mit Frucht. Erst später wurde die Frucht als Apfel interpretiert. So bekam das alte Apfelsymbol in der christlichen Symbolik die Bedeutung der Sünde und der Vergänglichkeit des Lebens. Deshalb wurde auch in vielen mittelalterlichen Darstellungen von Apfelbäumen ein Totenschädel mit ins Bild gebracht. Viele Künstler haben das Jesuskind mit einem Apfel in der Hand gemalt. Dies bedeutet, dass Jesus der König der Welt ist und die Menschen von ihren Sünden erlösen will.

Der Dichter Matthias Claudius (1740–1815) ist uns heute vor allem durch sein Lied »Der Mond ist aufgegangen« bekannt. Mit seiner großen Familie wohnte er in der Nähe von Hamburg auf dem Land und lebte von seinen Einkünften als Schriftsteller. Er erlebte die Natur sehr bewusst und veranstaltete mit seinen Kindern oft spontane kleine Feste, um ohne viel Geld den Wechsel der Jahreszeiten zu feiern. So wurde der Herbst immer mit Bratäpfeln gefeiert. Von Claudius stammt die Apfelkantate:

Das Apfeljahr

Der Apfel war nicht gleich am Baum
Da war erst lauter Blüte.
Das war erst lauter Blütenschaum
und lauter Lieb und Güte.
Dann waren Blätter grün an grün
und grün an grün nur Blätter.
Die Amsel nach des Tages Mühn,
sie sang ihr Abendlied gar kühn
und auch bei Regenwetter.
Der Herbst, der macht die Blätter steif
der Sommer muß sich packen.
Hei! Daß ich auf die Finger pfeif
da sind die ersten Äpfel reif
und haben rote Backen.
Und was bei Sonn' und Himmel war
erquickt nun Mund und Magen
und macht die Augen hell und klar.
So rundet sich das Apfeljahr
und mehr ist nicht zu sagen.

¬ Der Ausdruck »Zankapfel« hat sicherlich seinen Ursprung in der folgenden griechischen Sage: Zur Hochzeit der Nymphe Thetis mit dem Helden Peleus waren alle Götter geladen worden, nur Eris, die Göttin der Zwietracht, war vergessen worden. Aus Rache warf diese einen Apfel mit der Aufschrift »der Schönsten« in den Festsaal. Dem schönen Jüngling Paris, Sohn des trojanischen Königs Priamus, fiel nun die Aufgabe zu, den Apfel der Göttin zu überreichen, die ihn seiner Meinung nach verdiente. Zur Auswahl standen Hera, Athene und Aphrodite. Er wählte Aphrodite, die Göttin der Schönheit und Liebe, denn diese hatte ihm Helena, die schönste Frau der Erde, zur Gattin versprochen. Die ganze Geschichte endete schließlich im trojanischen Krieg. So hatte die Rache der Zwietrachtsgöttin Eris ungeahnte Ausmaße angenommen. Auch in den deutschen Volksmärchen taucht immer wieder der Apfel auf, z.B. bei der »Frau Holle« und bei »Schneewittchen und die sieben Zwerge.«

Der Apfel als Fruchtbarkeitssymbol

Apfel- und Birnbaum bilden zusammen ein Paar. Während der Apfelbaum ein uraltes Symbol für das Weibliche ist und mit Liebe und Fruchtbarkeit in Verbindung gebracht wird, steht der Birnbaum für das Männliche, wie schon Albertus Magnus im 13. Jahrhundert betont. Beide Bäume zusammen dienten als Liebesorakel, wobei die jungen Männer den Apfelbaum befragten, die Mädchen dagegen den Birnbaum. Vielerorts war es üblich, bei der Geburt eines Sohnes einen Birnbaum zu pflanzen, bei einem Mädchen dagegen einen Apfelbaum.

¬ Als Liebessymbol tritt der Apfel vielfach auf. Bereits in der Antike galt das Zuwerfen eines Apfels als eindeutiges Liebeszeichen. Um die Liebe einer Person anderen Geschlechts zu erwerben, wurden geheimnisvolle Buchstaben auf einen Apfel geschrieben und der betreffenden Person zu essen gegeben. Weit verbreitet ist auch der Brauch, an Weihnachten (Silvester oder Neujahr) einen Apfel so zu schälen, dass die Schale nicht abreißt. Diese wird dann rückwärts über die Schulter geworfen. Aus der Form der Schale wird dann der Anfangbuchstabe des »Zukünftigen« herausgelesen.

¬ Als Symbol der Liebe und der Fruchtbarkeit diente der Apfel in verschiedenen Kulturen. Im alten China wurde das Freudenviertel auch »Apfelbett« genannt. Von einem jungfräulichen Mädchen hieß es im Mittelalter »Sie hat des Apfels Kunde nit« und wenn jemand keine Lust zur Liebe hatte, sagte man »der mag keine Äpfel essen«.

Mythen und Geschichten um den Birnbaum

Im Vergleich zum Apfel tritt der Birnbaum in kultischer und mythologischer Beziehung weniger hervor. Zusammen mit dem Apfel erscheint die Birne als Fruchtbarkeitssymbol. Wenn die Birnbäume schlecht tragen, sieht es schlecht für die heiratsfähigen Mädchen des Hofes aus, weiß eine alte Volksweisheit zu berichten. Häufig wurde der Baum als Liebesorakel genutzt. In den Nächten zwischen Weihnachten und Neujahr konnten

sich heiratswillige Mädchen die geheimnisvolle Kraft des Birnbaums zunutze machen. Genau um Mitternacht mussten sie unter einen Birnbaum stehen und ihren Holzschuh in den Baum werfen. Blieb der Schuh in den Ästen hängen, so durften sie im kommenden Jahr mit einem schönen Freier rechnen, der an ihnen »hängen blieb«. An manchen Orten war es auch üblich, einen Ast des Birnbaums zu schütteln. Aus der Richtung, aus welcher ein Hund bellte, würde auch ein Freier kommen.
¬ Die Holzbirnbäume galten mancherorts als Wohnstätte von Hexen und Dämonen, welche die schwarze Rinde der Bäume für ihre Magie nutzten. Eng verwoben ist der Birnbaum auch mit der mythologischen Geschichte des Unterbergs bei Salzburg. Dieser beherbergt als »Berg der Unteren« Riesen, Zwerge und Drachen. Im Berg sollen sich auch prunkvolle Räume befinden, in denen sich Karl der Große mit seinen Kriegern aufhalten soll. Naht das Ende der Welt, öffnen sich die Tore des Berges, und der Herrscher wird an der Spitze seines Heeres zur letzten großen Schlacht auf das Walserfeld reiten. Nach dem Sieg wird er ewigen Frieden verkünden und sein Kriegsschild an den Birnbaum hängen, welcher daraufhin verdorren muss.

¬ Nach altem Volksglauben ist der Birnbaum imstande, Krankheiten der Menschen auf sich zu laden. Dazu umfasst man den Birnbaum oder läuft drei mal um ihn herum und klagt ihm sein Leid:

Birnbaum ich klage dir
Drei Würmer, die stechen mir,
Der eine ist grau,
Der andere blau,
Der dritte ist rot,
Ich wollte wünschen
Sie wären alle tot.

¬ Dieser Brauch ist sicherlich auch an die mittelalterliche Vorstellung geknüpft, dass Krankheiten von Würmern ausgelöst werden, welche sich in der Rinde von Bäumen aufhalten.

Herr von Ribbek auf Ribbek im Havelland

Herr von Ribbek auf Ribbek im Havelland,
ein Birnbaum in seinem Garten stand,
und kam die goldene Herbsteszeit
und die Birnen leuchteten weit und breit,
da stopfte, wenn's Mittag vom Turme scholl,
der von Ribbek sich beide Taschen voll;
und kam in Pantinen ein Junge daher,
so rief er: »Junge, wist'ne Beer?«
Und kam ein Mädel, so rief er: »Lütt Dirn,
kumm man röwer, ick hebb 'ne Birn.«

So ging es viele Jahre, bis lobesam
der von Ribbek auf Ribbek zu sterben kam.
Er fühlte sein Ende, 's war Herbsteszeit,
wieder lachten die Birnen weit und breit;
da sagte von Ribbek: »Ich scheide nun ab,
legt mir eine Birne mit ins Grab.«
Und drei Tage drauf aus dem Doppeldachhaus
trugen von Ribbek sie hinaus.
Alle Bauern und Büdner mit Feiergesicht
sangen: »Jesus, meine Zuversicht,«
und die Kinder klagten, das Herze schwer:
»He is dod nu. Wer giwt uns nu 'ne Beer?«
So klagten die Kinder. Das war nicht recht,
ach, sie kannten den alten Ribbek schlecht.
Der neue freilich, der knausert und spart,
hält Park und Birnbaum strenge verwahrt;
aber der alte, vorahnend schon
und voll Mißtrauen gegen den eigenen Sohn,
der wußte genau, was damals er tat,
als um eine Birne ins Grab er bat.
Und im dritten Jahr aus dem stillen Haus
ein Birnbaumsprössling sprosst heraus.

Und die Jahre gehen wohl auf und ab,
längst wölbt sich ein Birnbaum über dem Grab,
und in der goldenen Herbsteszeit

leuchtets wieder weit und breit.
Und kommt ein Jung übern Kirchhof her,
so flüsterts im Baume: »Wiste 'ne Beer?«
Und kommt ein Mädel, so flüsterts: »Lütt Dirn,
kumm man röwer, ick gew di 'ne Birn.«
So spendet Segen noch immer die Hand
des von Ribbek auf Ribbek im Havelland.

THEODOR FONTANE (1819–1898)

Mythen und Bräuche um die Kirsche Kirschbäume wurden früher als dem Mond zugehörig betrachtet. Bei Vollmond sollte man sich nicht unterm Kirschbaum aufhalten, da dann Geister dort ihr Unwesen trieben. Wer die unterm blühenden Kirschbaum tanzenden Elfen und Feen heimlich beobachtete, dem drohte Unheil. Die roten Früchte galten außerdem schon immer als Attribut der Liebe, verführen aber auch zu Leidenschaft und Sinneslust: »Kirschen brechen« bedeutete soviel wie verbotener Liebesgenuss. Von Martin Luther stammt der Ausspruch: »... der eine frisst die Kirschen auf und hängt den Korb dem anderen an den Hals.« Damit meinte er einen Mann, der ein Mädchen schwängerte und es dann mit einem anderen verheiratete.
Nach altem Brauch werden am 4. Dezember, dem Barbaratag, Kirschenzweige geschnitten und ins Wasser gestellt. Sind sie bis Weihnachten (Neujahr) aufgeblüht, so bringt das Glück, ein fruchtbares Jahr, gutes Wetter oder auch eine gute Kirschenernte.

Am 4. Dezember
Geh in den Garten am Barbaratag.
Gehe zum kahlen Kirschbaum
und sag:
Kurz ist der Tag,
Grau ist die Zeit.
Der Winter beginnt,
Der Frühling ist weit.
Doch in 3 Wochen,
Da wird es geschehn.
Wir feiern ein Fest,

Wie der Frühling so schön.
Baum, einen Zweig gib du
Dann von dir.
Und er wird blühen
In seliger Pracht,
Mitten im Winter,
In der heiligen Nacht.

Josef Guggenmos

Johann Wolfgang von Goethe versuchte, sich einige frische Trauben bis in den Winter zu retten, indem er die Schnittstelle am Stiel mit Siegellack verschloss und die Trauben frei an einem geschützten, kühlen Platz aufhängte. In einem Gedicht erzählt er eine Legende nach, in der sich Petrus für ein Hufeisen am Weg nicht bücken will. Jesus jedoch bückt sich und tauscht später das Hufeisen gegen eine Tüte Kirschen ein:

Nun ging's zum andern Tor hinaus,
Durch Wies und Felder ohne Haus,
Auch war der Weg von Bäumen bloß;
Die Sonne schien, die Hitz war groß,
So daß man viel an solcher Stätt
Für einen Trunk Wasser gegeben hätt.
Der Herr geht immer voraus vor allen,
Läßt unversehens eine Kirsche fallen.
Sankt Peter war gleich dahinter her,
Als wenn es ein goldner Apfel wär;
Das Beerlein schmeckte seinem Gaum.
Der Herr, nach einem kleinen Raum,
Ein ander Kirschlein zur Erde schickt,
Wornach Sankt Peter schnell sich bückt.
So läßt der Herr ihn seinen Rücken
Gar vielmal nach den Kirschen bücken.
Das dauert eine ganze Zeit.
Dann sprach der Herr mit Heiterkeit:
»Tätst du zur rechten Zeit dich regen,
Hättst du's bequemer haben mögen.
Wer geringe Ding wenig acht',
Sich um geringere Mühe macht.«

Alte Bräuche um den Obstbaum Es gibt sehr zahlreiche Bräuche, die die Obstbäume zum reichen Tragen anregen sollten.

¬ Weit verbreitet ist das Umwickeln der Bäume mit Stroh, insbesondere an heilig Abend, Silvester und Neujahr. Das genaue Verfahren ist von Ort zu Ort verschieden. Möglicherweise stellt das Umwickeln mit Stroh die Erinnerung an ein Getreideopfer dar, denn das Darbringen von Opfern für die Obstbäume war ebenfalls in vielen Gegenden Deutschlands lange üblich.

¬ Das Baumfüttern war vor allem in Ostdeutschland verbreitet. Man trägt an Heiligabend nach dem Essen die Speisereste, Nuss- oder Apfelschalen zum Obstbaum. Im Traunviertel findet in der Perchtennacht das Baumküssen statt. Man füllt den Mund mit Krapfen und küßt einen Apfelbaum mit den Worten: »Baum! Baum! Ich küss dich, werd so voll wie mein Maul.«

¬ Das Schütteln, Schlagen und Klopfen der Obstbäume an bestimmten Feiertagen sollte die Bäume ebenfalls zum reichen Tragen anregen. Vielerorts geht man an Neujahr zu den Obstbäumen und ruft ihnen gute Wünsche zu. Dagegen wird in einen Obstbaum, der nicht trägt, ein Knochen gehängt, »damit der Baum sich schämt« und sich in den folgenden Jahren mehr Mühe gibt. Weit verbreitet ist auch der Brauch, bei der Ernte einige Früchte hängen zu lassen, denn der Baum »muss seinen Zehnten behalten«.

¬ Besondere Bräuche sind oft auch mit der ersten Ernte von einem Obstbaum verbunden: Selbst wenn der Baum erst wenige Früchte trägt, soll man diese in einem großen Korb nach Hause tragen, damit der Baum weiß, was man in den nächsten Jahren von ihm erwartet. Von der ersten Ernte soll man auch eine Frucht verschenken, damit der Baum weiter reichlich trägt.

¬ In all diesen Bräuchen wird die Hochachtung deutlich, mit der unsere Vorfahren ihren Obstbäumen begegneten. Den Bäumen wurde sozusagen eine Seele zugesprochen.

Die Tafeln

*

Der Apfel

Malus x domestica

*

Primitive Formen der Gattung Apfel gab es bereits am Ende der Kreidezeit, vor ca. 65 Millionen Jahren in den tropischen und subtropischen Bergregionen Südostasiens. Von dort breiteten sich die Äpfel über die gesamte nördliche Erdhalbkugel aus. In geographisch weit auseinander liegenden Gebieten entwickelnden sich dann die verschiedenen Wildapfelarten, etwa der Beerenapfel *(Malus baccata)* in China und der Mandschurei, der Kaukasusapfel *(Malus orientalis)* im Kaukasus und der Altai-Apfel *(Malus sieversii)* in Westasien. Der in Europa heimische Holzapfel *(Malus sylvestris)* soll nach der letzten Eiszeit am nordwestlichen Rand des Verbreitungsgebietes vom Kaukasus-Apfel in Südrussland entstanden sein. Er besiedelt die gemäßigte Zone Europas bis Westasiens und wächst als Kleinbaum oder Großstrauch zerstreut bis selten in Laubmischwäldern und Auwäldern, Gebüschen und Hecken. Vom Kulturapfel unterscheidet er sich durch die Laubblätter, welche unterseits in der Regel kahl sind, durch Sprossdornen und durch die Früchte. Diese sind klein, kugelig, grün bis gelb, hart und herb-sauer schmeckend.

¬ Aufgrund von Apfelfunden in verschiedenen jungsteinzeitlichen Siedlungen weiß man, dass der Holzapfel damals gesammelt und gedörrt wurde. Durch gezielte Auslese besonders großer und guter Früchte hatte am Ende der Jungsteinzeit bereits eine Höherentwicklung stattgefunden. Doch der heutige Kulturapfel stammt nicht vom Holzapfel ab. Als sein Vorfahre wird vielmehr der Altai-Apfel *(Malus sieversii)* vermutet, der an den Nordhängen des Transili-Alatan-Gebirges oberhalb von Alma-Ata, der »Stadt des Apfels«, vorkommt. In dieser Gegend zeigt sich ein besonderer Formenreichtum der Wildäpfel, welche die ganze Bandbreite wertvoller Eigenschaften vorweisen, die für die Entstehung von Kultursorten nötig sind. Ergänzend könnte auch der Kaukasus-Apfel *(Malus orientalis)* an der Entwicklung beteiligt gewesen sein.

¬ Durch zufällige natürliche Kreuzungen innerhalb und zwischen den Wildarten und durch fortlaufende Auslese entwickelten sich immer bessere Formen. Solche frühen Kulturformen gelangten über die Handelsstraßen zunächst nach Griechenland, wo die Apfelkultur ihre erste Blüte erfuhr. Von den Römern wurde diese übernommen und noch gesteigert. Durch sie gelangten die ersten Kultursorten nach Mittel- und Westeuropa, dem eigentlichen Entstehungsort der heutigen Kultursorten. Deren Entwicklung war ein langer Prozess, der von einer ständigen Auslese von Zufallssämlingen durch den Menschen geprägt war. Auf diese Weise entstanden bis zum 19. Jahrhundert zahlreiche neue Apfelsorten.

¬ Als einzige aller Obstarten hat der Apfel seinen Namen nicht aus dem lateinischen, sondern aus dem nordeuropäischen Sprachgebrauch. Aus dem germanischen »Apitz« leitet sich das althochdeutsche »Apful« her. Im Mittelhochdeutschen wurde der Apfelbaum »Affaltra« genannt. Diese Bezeichnung steckt noch in manchen Ortsnamen, z. B. Affalterbach.

Dass Äpfel das Leben der Menschen von jeher begleitet haben, erkennt man aus den biblischen Geschichten und Sagen, vom Paradiesapfel bis zu den Äpfeln der Hesperiden, die schon in der Einleitung beschrieben wurden. Der Apfel spielt auch eine wichtige Rolle im Märchen, man denke etwa an den vergifteten Apfel für Schneewittchen. Im Brauchtum ist der Apfel wie in der Einleitung erwähnt vor allem ein Fruchtbarkeits- oder Liebessymbol, aber auch ein Symbol des Lebens.

& aliis quibusdam) in Boll & Wälde, accedunt aliquatenus ad Haßlecher, rubore multo perfusa, per quem veluti striæ guttæque magis rubentes discurrunt: In vna etiam parte ex luteo virescunt. Pediculus tenuis, longus.

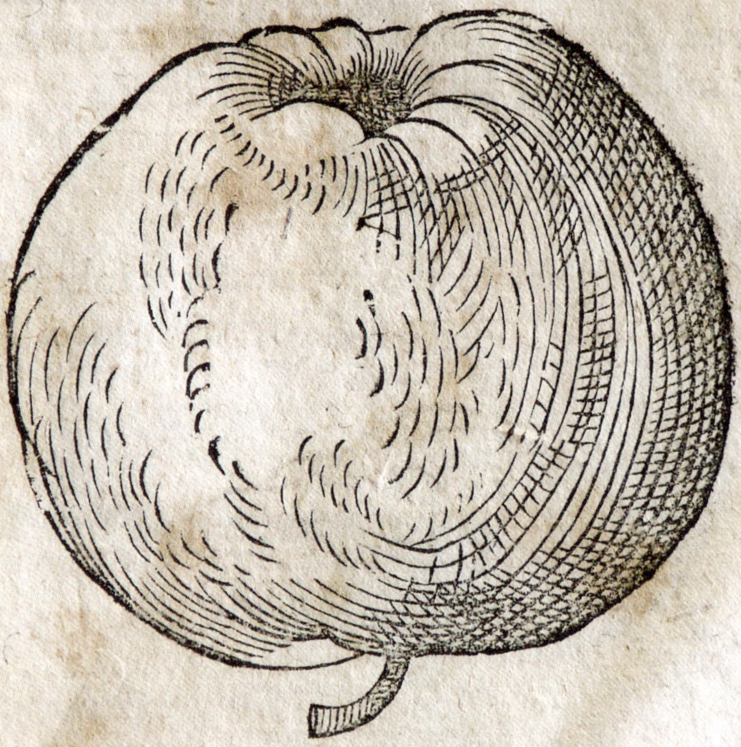

Variant & magnitudine, & colore: quædam ēnim magis rubra, quædam lutea magis. Alia magis striata, alia minùs. Diu durare dicuntur. Caro alba, dulcis, grata, Sept. 20. nondum tamen edulis. Montb. delatum Maij medio integrum adhuc.

Paradiß-Apffel vel Paradiseler Vulgò Basiliensibus dicta, prima sunt Poma, Iunio matura & Iulio, in paruis arboribus prouenientia, omnium vrbanorum Pomorum minima, quæ quidem hactenus viderimus, iucundi odoris & saporis, dulcis, suauitateque quadam propria ori blandientia, exteriùs candida,

M. dii lic cta cia

Paradiesapfel

Malus paradisiaca

Der Paradiesapfel ist eine strauchförmig wachsende Wildapfelart oder auch eine frühe, primitive Kultursorte, deren Herkunft in Südrussland bis Vorderasien vermutet wird. Bereits 1650 wird er von Johann Bauhinus in seiner *Historia Plantarum Universalis* beschrieben und abgebildet.

Die Zweige dieses Kleinstrauches haben eine schwarzbraune Rinde und kleine, steife, eiförmige gezahnte Blätter, die oben dunkelgrün und unten weißlich sind. Der Strauch trägt kleine, länglichovale Früchte, welche ein wenig eckig und insgesamt etwas schief gebaut sind. Die Früchte haben einen kurzen Stiel. Zur Reifezeit ist die Schalenfarbe weißlich gelb, sonnenseits ockergelb. Das Fruchtfleisch ist hart, derb, zusammenziehend, süß mit bitterem Beigeschmack.

Johann Caspar Schiller, der Vater des Dichters, kultivierte diesen Strauch in seiner Baumschule, um darauf andere Sorten zu okulieren und Zwergbäume für die Lustgärten zu ziehen. Er hatte in seiner Baumschule auch einen »Sommer-Paradiesapfel«, welcher sich von seiner Ausgangsform vor allem im Geschmack der Früchte unterschied. Diesen beschrieb Schiller in seinem 1795 erschienenen Werk *Die Baumzucht im Großen* als »ganz mild und von ziemlich feinem Geschmack«. Außerdem wird der Sommer-Paradiesapfel schon 1760 vom Begründer der Pomologie, Johann Hermann Knoop, in Nürnberg beschrieben und abgebildet. Schiller erwähnt, dass der Paradiesapfel »meistens deswegen gezogen wird, weil er viele Ausläufer treibt, wodurch er ohne pfropfen vermehret werden kann. Auch bedient man sich der selben allerley Sorten von Äpfeln darauf zu pfropfen und niedere Zwergbäume zu ziehen, weil er von Natur klein und niedrig wächst, bald trägt und fruchtbar wird, welche Eigenschaften er auch dem Pfropfreis mittheilet«. Aus dem Paradiesapfel ist später die Gruppe der schwachwachsenden Unterlagen hervorgegangen, auf die man verschiedene Sorten aufpfropft, um kleine Obstbäume zu erhalten.

<
Paradiesapfel, Historia Plantarum Universalis, 1650/51, Seite 18

Roter Herbstkalvill

Diese sehr alte Sorte unbekannter Herkunft war schon 1565 als »Echter Rotapfel« im Fürstlichen Lustgarten in Stuttgart vertreten. Aufgrund ihres stark himbeer- bis erdbeerartigen Aromas und des roten Fruchtfleisches unter der Schale galten die Äpfel als pomologische Besonderheit. In der zahlreichen Synonymen, wie »Himbeerapfel«, »Roter Paradiesapfel« oder »Fürstenblut« spiegeln sich diese Eigenschaften wieder.

Die stark gerippten Äpfel sind mittelgroß, breit kegelförmig und stielbauchig. Der geschlossene Kelch liegt in einer weiten, von dichten Fältchen umgebenen Einsenkung. Bei Vollreife ist die glatte Haut stark fettig und fast ganzflächig karmesinrot bis blutrot überzogen. Manchmal kann die Färbung bis ins Schwarzrot gehen. Der lange, holzige Stiel steckt in einer weiten, tiefen und strahlig berosteten Stielgrube. Sortentypisch und markant ist die hellrote Färbung des Fruchtfleisches unter der Schale.

Die Früchte schmecken stark säuerlich, mit himbeer- bis erdbeerartigem Aroma und ausgeprägtem Geruch. Im September werden sie erntereif, können aber nur acht bis zehn Wochen gelagert werden. Durch ihr attraktives Äußeres und den aromatischen Geschmack sind sie gute Tafeläpfel, doch auch für die Verwertung sind sie interessant. Der gepresste Apfelsaft ist hellrot, und gedörrte Apfelscheiben sind rosafarben.
Die stark wachsenden Bäume bilden eine flachrunde Krone. Leider ist die Sorte anfällig für Krankheiten und Schädlinge und benötigt deshalb entsprechende Pflanzenschutzmaßnahmen. Hinsichtlich des Standorts ist sie anspruchsvoll, denn sie verlangt gute, tiefgründige, warme Böden und einen warmen Platz zum Gedeihen. Die Blüten erscheinen früh und sind frostempfindlich. Hohe Erträge liefern die Bäume nicht, doch fruchten sie früh und regelmäßig. Deshalb ist diese Sorte vorwiegend für den Liebhaberobstbau geeignet.

<
Roter Herbstkalvill, Die Baumzucht im Großen, 1795, beigelegtes Aquarell

B. IV. Taf. 6.

XIV. Der Winter-Borsdorfer-Apfel.

Edelborsdorfer

–

Früher war der Edelborsdorfer in Deutschland und Österreich in fast allen Bauerngärten zu finden, heute ist er jedoch leider selten geworden. Die aus Sachsen stammende Apfelsorte ist uralt, bereits 1175 wird sie in Breslau urkundlich erwähnt. Benannt ist sie nach dem Dorf Borsdorf, wo die Sorte besonders häufig angebaut worden war.

Die Äpfel sind klein bis mittelgroß, flachrund mit einer flachrunden Kelchgrube, in welcher ein offener Kelch sitzt. In der engen berosteten Stielgrube sitzt ein kurzer, dünner Stiel. Die Schale ist in der Grundfarbe grüngelb, auf der Sonnenseite lebhaft rot bis braunrot gefärbt, mit zahlreichen Schalenpunkten. Diese sind hell auf dunklem, und dunkel auf hellem Untergrund, und fast immer berostet. Sortentypisches Erkennungsmerkmal ist die häufig auftretende Warzenbildung. Das Fruchtfleisch ist hellgelb bis weißlich, fest, ausreichend saftig, süß mit angenehmer Säure und von edlem, weinigem Geschmack.

Ab der zweiten Oktoberhälfte können die Früchte geerntet werden, die Genussreife reicht von November bis März. Die Bäume wachsen mittelstark und bilden kugelige Kronen. Charakteristisch für diese Sorte sind die dünnen, langen bis an den Boden hängenden Triebe, mit den lederartigen, rundlichen, glänzenden Blättern. Erst spät erscheinen die nicht frostempfindlichen Blüten. Da der Ertrag erst sehr spät einsetzt und die Früchte für den Handel zu klein sind, wird die Sorte leider nur noch selten angebaut. Für den Liebhaberobstbau ist diese wertvolle alte Sorte jedoch unbedingt zu empfehlen.

<
Edelborsdorfer, Der teutsche Obstgärtner, Band 4, 1795, Tafel 6

GRAVENSTEINER.

ad. nat. Ebenhusen

Lith. Anst. A. Eckstein, Stuttgart.

Gravensteiner

–

Der Gravensteiner ist nach seinem Entstehungsort, dem Flecken »Gravenstein« in Schleswig-Holstein benannt. Er ist dort als Zufallssämling entstanden und schon seit 1669 in Dänemark und Schleswig bekannt. Aufgrund seines hervorragenden, unvergleichlichen Geschmacks war er zu Beginn des 20. Jahrhunderts einer der beliebtesten Tafeläpfel und bestbezahlten Handelsäpfel in Deutschland.

Die Früchte sind mittelgroß, von abgestumpfter Gestalt, die dem Kalvill-Apfel ähnelt, mit einzeln hervortretenden Rippen und Wölbungen. Anfangs ist die Schale leicht hellgrün, zur Vollreife aber lebhaft glänzend gelb. Auf der Sonnenseite befinden sich wenige, kurze, karmesinrote, ziemlich breite Streifen und Tupfen. Häufig fehlt die Röte auch ganz. Die Frucht hat einen prächtigen, nur dem Gravensteiner eigenen Geruch. Reife Früchte sind von einem Fetthauch überzogen. Das Fruchtfleisch ist hellgelb, fast weiß, locker, sehr saftreich, edel gewürzt mit starkem herrlichem Aroma.

¬ Anfang September werden die Äpfel reif und halten bis November. Auch bei der Verwertung zu Apfelmus und beim Brennen entfalten die Früchte ihr sortentypisches Aroma.
Der Gravensteiner ist ein Baum der norddeutschen Tiefebene, der das Seeklima liebt. Er hat einen aufstrebenden Wuchs und bildet eine breit ausladende Krone mit hängendem Fruchtholz. Die großen, schneeweißen Blüte erscheinen früh und sind empfindlich gegenüber Spätfrösten. Der Ertrag setzt sehr spät ein und ist auch nicht regelmäßig. Nach einem guten Erntejahr ruht seine Fruchtbarkeit fast immer für mehrere Jahre. Für gutes Gedeihen beansprucht die Sorte einen ihr zusagenden Standort, vor allen Dingen gleichmäßige Bodenfeuchtigkeit und möglichst windgeschützte Lage. An einem ungeeigneten Standort leidet der Baum unter Krankheiten und Schädlingen. Er ist anfällig für Schorf, Mehltau und Krebs.

<
Gravensteiner, Pomologie des praktischen Obstbaumzüchters, 1894, Nr. 10

Rothe Sternreinette.

(Meusers rothe Herbstreinette.)

Rote Sternrenette

–

Die über zweihundert Jahre alte Sorte stammt wahrscheinlich aus der Gegend um Maastricht. Als »Reinette étoilée« ist sie in Flandern seit langem verbreitet. Das erste Mal wurde sie 1830 beschrieben. Die schönen, dekorativen Früchte waren früher beliebt als Tafeläpfel zur Weihnachtszeit.

Ab September werden die Äpfel genussreif und sind haltbar bis Dezember. Sie sind mittelgroß, plattrund und regelmäßig gebaut, mit glatter, trockener Schale. Vollreif ist die Frucht gelblich, meist völlig von der scharlach- bis dunkelroten Deckfarbe überzogen. Sortentypisch und namensgebend sind die zahlreichen, auffälligen Schalenpunkte, welche als Roststernchen oder Dreiecke, teils hell umhört, die Äpfel zieren. Das Fruchtfleisch ist mittelfest, feinzellig, meist zartrosa durchwachsen, süßsäuerlich, mäßig saftig und etwas parfümiert. Der Kelch ist halb offen bis geschlossen und liegt in einer mitteltiefen, weiten und ebenen Kelchgrube. Die Stielgrube ist mäßig weit, tief und strahlig berostet.

Der Baum zeichnet sich durch einen kräftigen Wuchs aus und bildet eine breite, nach oben strebende Krone. Die Blüten erscheinen erst spät, halten lange an und sind wenig empfindlich. Tiefgründige, feuchte Böden und luftfeuchte mittlere Höhen- und Tallagen bieten der Sorte optimale Standortverhältnisse. Insgesamt ist der Baum sehr widerstandsfähig und wenig anfällig für Krankheiten. Deshalb ist die Sorte auch gut geeignet für den Streuobstbau und zur Bepflanzung von Straßen und Wegen.

<
Rote Sternrenette, Illustrirte Monatshefte für den Obst- und Weinbau, 1868, S. 2

Compoten zu kochen | Zu Compoten sind im Spätjahr die Borstorfer-Äpfel am besten, hernach Renetten oder Rheinäpfel. Die Compoten von den Rheinäpfeln werden weiß, und die von den Renetten gelb. Man muß immer Acht geben, daß man schöne Äpfel hat, die nicht wurmicht sind. Oberrheinisches Kochbuch, Mühlhausen 1811

Gelber Richard.

Gelber Richard

–

Der Gelbe Richard ist als Zufallssämling in Mecklenburg entstanden. Durch den Superintendenten Kliefoth zu Körchow hat er seine Verbreitung gefunden. Er wird auch »Gelber Grand Richard«, »Großer Körchower Richard« und »Eutiner Gelber Richard« genannt. Die alte Sorte wurde bereits Anfang 1800 beschrieben.

Die Äpfel sind mittelgroß, hochgebaut, stielbauchig und nach dem Kelch hin abgeplattet. Kleine Fältchen begrenzen die enge Kelchgrube mit dem halb offenen Kelch. Fünf flache Rippen ziehen sich meist über die ganze Frucht. Bei Vollreife ist die Schale zitronengelb, glatt und geschmeidig, mit einem bläulich weißen Überzug, auf der Sonnenseite mit gestrichelter Röte und violetten Ton zart überzogen. Das reinweiße Fruchtfleisch ist zart, sehr aromatisch, weinsäuerlich und saftig.

Diese edle Tafelfrucht ist auch als Wirtschaftsapfel vielseitig verwendbar, als Mus-, Brat- und Mostapfel. Die Früchte werden im Oktober reif und sind bis Januar haltbar. Der vitale, frostharte Baum ist sehr stark wachsend und bildet hohe Kronen. Für das Meeresklima Norddeutschlands ist die Sorte besonders geeignet. Leider setzt der Ertrag erst spät ein und er ist auch nicht besonders hoch.

<
Gelber Richard, Illustrirte Monatshefte für den Obst- und Weinbau, 1871, S. 1

Die Birne

Pyrus communis

*

Bereits im Tertiär gab es primitive Formen der Gattung Birne in den Bergregionen West- und Südwestchinas. Von dort breiteten sie sich in alle Richtungen der nördlichen Erdhalbkugel aus. Dadurch entstanden in geographisch weit auseinanderliegenden Gebieten verschiedene Wildbirnenarten: die weidenblättrige Birne *(Pyrus salicifolia)* in Persien und Südwestasien, die dornige Birne *(Pyrus spinosa)* in Südeuropa und dem nördlichen Mittelmeerraum, die wilde Birne *(Pyrus pyraster)* in Europa und Kleinasien, die Schneebirne *(Pyrus nivalis)* in Zentral- und Südeuropa bis Kleinasien, sowie die salbeiblättrige Birne *(Pyrus salvifolius)* in Mittel- und Westeuropa.

¬ Unsere heimische Holzbirne findet man heute nur noch sehr selten in Laubmischwäldern, in Auwäldern außerhalb der Überschwemmungszone, in Hecken und Trockenbüschen. Die stattlichen Bäume werden bis zu 20 Meter hoch und besitzen ein tiefgreifendes Wurzelsystem. Im Gegensatz zur Kulturbirne haben die Kurztriebe in der Regel Dornen. Ähnlich wie beim Holzapfel sind die Früchte klein, hart und schmecken sehr herb wegen ihres hohen Gerbstoffgehaltes. Anders als beim Apfel soll jedoch unsere heimische Wildbirne zu einem großen Teil an der Entstehung der Kultursorten beteiligt gewesen sein. Allerdings wird nicht Mitteleuropa, sondern der Kaukasus als Gen-Zentrum, d.h. Gebiet mit besonderem Formenreichtum vermutet. Auch die beiden anderen europäischen Wildarten, Schneebirne und salbeiblättrige Birne, haben Erbgut für die europäische Kulturbirne geliefert. Daneben sollen auch noch asiatische und mediterrane Arten beteiligt gewesen sein.

¬ Im Zuge von Völkerwanderungen gelangte die Kulturbirne über den Balkan nach Griechenland, Italien und schließlich auch nach Mitteleuropa. Im antiken Griechenland kam es zu einer frühen Blüte der Birnenkultur. Weiterentwickelt wurde sie durch die Römer. Der römische Schriftsteller Columella erwähnt im 2. Jahrhundert n. Chr. Sorten, deren Namen uns vertraut klingen, etwa Honigbirne, Königsbirne ..., allerdings dürften sie nicht mit den heutigen Sorten gleichen oder ähnlichen Namens verwandt sein.

¬ Mit den Römern kamen die Kultursorten auch nach Deutschland, wo sie vor allem durch die Klöster und Adligen weiter kultiviert wurden. Der Name Birne ist nach Grimm erst seit dem 17. Jahrhundert gebräuchlich. Früher hießen die Früchte »Bir« aus dem lateinischen *pirum* und Mehrzahl »Bira« aus *pira*. Die Entlehnung erfolgte erst nach dem 9. Jahrhundert und stammt somit aus dem Klosterlatein, nicht direkt von den Römern.

¬ Bis Mitte des 18. Jahrhunderts entstanden nur wenige Tafelbirnensorten als Sämlinge aus Zufallskreuzungen. Die Entwicklung von Mostbirnen war wegen der geringeren Wärmeansprüche mehr verbreitet. Seit 1750 haben erste systematische Selektionsarbeiten aus Sämlingen guter Muttersorten hochwertige Tafelbirnen hervorgebracht, vor allem in Belgien und Frankreich. Diese Sorten bestimmen noch heute die Anbausortimente, z.B. Bosc, Gellert und Charneux. Bis zum 19. Jahrhundert erweiterte sich die Liste wertvoller Zufallssämlinge um Lucas, Pastorenbirne, usw.

Wie der Apfel, so spielt auch die Birne im Märchen eine besondere Rolle: Das »Mädchen ohne Hände« im gleichnamigen Märchen wird von einem Engel beschützt, der es zu einem königlichen Garten geleitet. Dort zeigt der Engel ihr eine Birne, die sie mit dem Mund vom Baum abessen kann. Eine besondere Ehre wird dem Birnbaum im bayerischen Wallfahrsort »Maria Birnbaum« zuteil: Einst hatte dort ein hohler Birnbaum als Schutz für das verehrte Marienbild gedient, heute ist ein Teil seines abgestorbenen Stammes in den Hochaltar einbezogen.

Taf. 5.

II. Die kleine Muscateller-Birn.

Kleine Muskatellerbirne

Muskatellerbirnen waren in Deutschland schon früh und weit verbreitet. In der Literatur werden verschiedene Sorten beschrieben. Die kleine Muskatellerbirne ist eine anspruchslose und früh reifende Sorte, welche bereits Ende des 18. Jahrhunderts von Johann Caspar Schiller in seiner Baumschule auf Schloß Solitude bei Stuttgart angebaut wurde. 1794 wurde sie von Pfarrer Johann Volkmar Sickler in seiner Zeitschrift *Der teutsche Obstgärtner* beschrieben und abgebildet.

Die Früchte sind sehr klein, weshalb sie auch »Sieben ein Maul voll« genannt wurden. Ihre Form ist rundbauchig und nach dem Stiel hin zugespitzt. Es hängen meist mehrere Früchte zusammen am Fruchtholz. Zur Reifezeit, Ende Juli, ist die Schalenfarbe schön gelb und sonnenseits gerötet und gestreift. Das Fruchtfleisch ist halb schmelzend, süß und saftig, muskatellerartig gewürzt.

Der Baum wächst gut und ist anspruchslos hinsichtlich Boden und Klima. Gegenüber Krankheiten und Schädlingen ist die Sorte wenig anfällig, und die früh erscheinenden Blüten sind nicht frostempfindlich. Als Massenträger liefert der Baum regelmäßig hohe Ernten. Früher waren die Birnen sehr beliebt als Frühsorte zum Frischverzehr, als Dörr- und Einmachfrüchte und auch zum Brennen.

<
Kleine Muskatellerbirne, Der teutsche Obstgärtner, Band 1, 1794, Tafel 5

XLVIII. Die Sommer-Blutbirn.

Blutbirne

Das Besondere an dieser alten Sorte mit den rundlichen kleinen Birnen ist das rötlich gefärbte Fruchtfleisch. Auf dieses beziehen sich auch die Namen, unter denen sie in Deutschland, Österreich, Frankreich und Spanien verbreitet ist. Diese lauten: »Sommerblutbirne«, »Granat birne«, »Sanguinole«. Die Herkunft der Sorte ist unbekannt, in Deutschland wird sie 1684 zum ersten Mal erwähnt, in Frankreich etwas früher.

Es gibt verschiedene Typen der Sorte mit unterschiedlicher Fruchtform. Die kugelförmigen Birnen sind auf der Steilseite z.T. abgeplattet oder auch kreiselförmig mit leichter Einschnürung. Auf der Sonnenseite ist die Schale bräunlich rot verwaschen, ansonsten ist die raue Schale gelb bis gelblich grün. Die Kelchblätter sind miteinander verwachsen und sitzen auf der Frucht auf. Das Fruchtfleisch ist unter der Schale und um das Kernhaus stark gerötet und schmeckt süß mit leichter Muskatnote.

Die kleinen Birnen enthalten kaum Gerbstoffe und können deshalb frisch verzehrt, aber auch als Dörr- und Kochfrüchte verwendet werden. Ab Mitte August beginnt die Genussreife, die jedoch nur einige Wochen andauert. Der Baum wächst mittelstark und bildet eine rundliche pyramidale Krone mit hängenden Ästen und stark verzweigtem Fruchtholz. Die Fruchtbarkeit setzt früh ein und ist hoch, allerdings etwas unregelmäßig. Besonders geeignet ist diese robuste Sorte für den Streuobstbau in höheren Lagen.

<
Blutbirne,
Der teutsche Obstgärtner, Band 8, 1797,
Tafel 21

PASTORENBIRNE.

ad. nat. Ebenhusen

Lith. Anst. Ebenhusen & Eckstein, Stuttgart.

Pastorenbirne

Pfarrer Clion hat diese Sorte 1839 als Wildling im Wald gefunden und unter den Namen »Poire de Clion« und »Curé« (»Pfarrer«) verbreitet. Sie ist auch in Deutschland unter vielen Namen bekannt: »Flaschenbirne«, »Glockenbirne«, »Zapfenbirne«, »Caßlerbirn«, »Zapfenbirne« und »Frauenschenkel«.

Die lang gestreckten flaschenförmigen Früchte sind mittelgroß bis groß, unten breit und bauchig, oben dem Stiel zu zugespitzt. Dieser ist lang, unten fleischig und warzig, gekrümmt und schräg in die Frucht eingepflanzt. Der Kelch ist groß, offen, mit langen zugespitzten Blättchen und sitzt in einer schmalen, wenig tiefen Kelchhöhle. Bei Vollreife ist die Schale grünlich gelb oder auch strohgelb, sonnenseits manchmal mit einem Hauch oranger Deckfarbe. Sortentypisch ist der schmale Roststreifen, welcher sich manchmal vom Stiel bis zum Kelch hinzieht. Das weißlich gelbe Fruchtfleisch ist halb schmelzend, saftig, süß und gut gewürzt.

Pflückreif werden die Birnen Anfang bis Mitte Oktober. Die Edelreife tritt sehr langsam ein, und die Früchte halten sich dann noch wochenlang bis Januar. Insbesondere zum Kochen und zum Dörren ist die Sorte bestens geeignet. Der Baum zeichnet sich durch einen gesunden, kräftigen Wuchs aus, ist unempfindlich und langlebig. Er trägt früh und ist sehr fruchtbar. An den Standort stellt die Sorte keine besonderen Ansprüche, sie ist breit anbaufähig.

<
Pastorenbirne, Pomologie des praktischen Obstbaumzüchters, 1894, Nr. 59

mollescunt. Oct. 25. adhuc bona & sapida. Sed Nouemb. fine mollescere & fracida esse incipiebant.

Pira Angelica.

Bö sa,lut fine A rata,e Sept.

Engelßbirn in Boll, parua sessilia, crassiora, quàm altiora: coloris obscuri, pallidi, & nonni-

Engelsbirne

Diese uralte Birnensorte wurde bereits 1650 in der *Historia Plantarum Universalis* von Johann Bauhinus abgebildet und als »Pira angelica« beschrieben.
Im Jahre 1792 erschien in der *Pomona Austriaca* von Johann Kraft eine wunderschöne Abbildung als handkolorierter Kupferstich. Zur gleichen Zeit hatte auch Johann Caspar Schiller einige Spalierbäume dieser Sorte in seiner Baumschule auf der Solitude bei Stuttgart. Er beschreibt sie in seinem Buch *Die Baumzucht im Großen* unter dem französischen Namen »Angelique«.

Die schönen, großen Früchte der Engelsbirne sind rundbauchig und gegen den Stiel zu, welcher sehr lang ist, etwas zugespitzt. Zur Reifezeit ist die Schale gelblichgrün, mit dunkelgrünen Punkten, sparsam zimtbraun gesprenkelt und sonnenseits bräunlich rot verwaschen.

Das Fleisch ist etwas derb, jedoch zuckersüß und lieblich. Allerdings braucht die Sorte einen sehr warmen, geschützten Standort, damit die Früchte richtig ausreifen können. Deshalb wurde ihr Anbau von Schiller nur als Spalierbaum in sehr warmen Lagen und auf fruchtbaren Böden empfohlen. Bei zusagendem Standort wächst der Baum sehr schön und ist sehr fruchtbar.

<
Engelsbirne,
Historia Plantarum
Universalis, 1650/51,
Seite 46

das halten wir für die eingebeißten Quitten in Honig. Wi

Quitte

Cydonia oblonga

Die Heimat der Quitte liegt vermutlich im östlichen Teil von Kleinasien, Transkaukasien und dem Südufer des kaspischen Meeres. Den Kulturvölkern des Mittelmeerraumes war sie schon im Altertum bekannt. Ihr Name *cydonia* soll sich auf die Stadt Kydon in Nordkreta (heute Chania) beziehen, wo sie besonders häufig angebaut wurde. Im botanischen System ist die Gattung Quitte *(Cydonia)* nur durch eine einzige Art vertreten, nämlich durch *Cydonia oblonga*. Sie ist eng verwandt mit Apfel und Birne und gehört wie diese zur Familie der Rosengewächse.

Von Natur aus wächst die Quitte als sparriger Strauch, welcher zwischen 1,5 und 8 m hoch wird und eine breite Krone bildet. Ihre langgestielten Blätter sind sehr charakteristisch, breit eiförmig, dunkelgrün, auf der Oberseite kahl und auf der Unterseite filzig behaart. An den ebenfalls behaarten Blattstielen sitzen grundständige Nebenblätter. Relativ spät, im Mai, erscheinen die großen Einzelblüten, endständig an behaarten Sprossen sitzend, ohne den üblichen Fruchtstiel.

Es gibt zwei Varietäten der Gattung Cydonia, die apfelförmigen Quitten, welche etwas aromatischer sind, und die zarteren birnenförmigen. Je nach Sorte sind die Früchte stark gerippt oder ziemlich ebenmäßig geformt. Über die Schale zieht sich ein dichter, weißer, flaumiger Filz. Erntezeit ist im Oktober oder November. Zum Rohessen sind die Früchte jedoch zu hart, denn sie haben zu viele Steinzellen im Fruchtfleisch. Werden sie aber zu Marmelade oder Gelee verarbeitet, entfalten sie ihr herrliches Aroma. Besonders bekannt ist das so genannte Quittenbrot, ein Quittenmus, das durch Trocknen haltbar gemacht wird. Als Likör und Edelbrannt sind die Früchte ein Genuss. Aufgrund ihres intensiven Geruchs werden sie auch gerne als Duftspender verwendet. Neben dem vielseitigen Nutzwert hat die Quitte auch einen hohen Zierwert. Im Frühjahr und im Herbst ist der Strauch eine Augenweide.

Quittenfrüchte gelten seit dem Altertum bei vielen Völkern als Symbol der Liebe und der Fruchtbarkeit. Im deutschen Aberglauben spielten sie jedoch keine große Rolle. Leonard Fuchs erwähnt in seinem Kräuterbuch, dass der Genuss von Quitten in der Schwangerschaft sinnreiche und geschickte Kinder beschere.

<
Quitte,
Hieronymus Bock,
Kreuterbuch, 1565

Die Kirsche

*

Kirschen gab es in unserem Gebiet bereits im Tertiär, vor Millionen von Jahren. Dies konnte durch Kirschkernfunde in verschiedenen Braunkohlegruben belegt werden. Die ursprüngliche Form der heutigen Süßkirschen ist die Wilde Süßkirsche, auch Vogelkirsche genannt *(Prunus avium)*. Sie besitzt ein weites Verbreitungsgebiet, welches von Europa bis Westasien reicht. Aus ihr ist vermutlich am Schwarzen Meer die Kulturform entstanden. Von dort soll sie der römische Feldherr und Feinschmecker Lucullus 64 v. Chr. nach dem Sieg über den Perserkönig Mithridates als kostbare Trophäe aus der Stadt Cerasunt nach Italien gebracht haben. In Griechenland war die Kirsche allerdings schon vorher bekannt gewesen, was aus den Aufzeichnungen des Philosophen und Botanikers Theophrast und seines Zeitgenossen Diphilos (ca. 300 v. Chr.) hervorgeht. Der römische Gelehrte Plinius (23–79 n. Chr.) nennt und beschreibt bereits eine Vielzahl von Kirschensorten Diese brachten die Römer auch mit in ihre Provinzen nördlich der Alpen. Doch in Mitteleuropa gab es auch vorher schon sehr großfruchtige Kirschen. Beim Vergleich von Steinfunden aus jungsteinzeitlichen, keltischen und römischen Siedlungen sind die keltischen Früchte den römischen hinsichtlich der Größe sogar überlegen.

¬ Durch eine Verdoppelung des Chromosomensatzes ist im Kaukasus aus der Süßkirsche *(Prunus avium)* die Sauerkirsche *(Prunus cerasus)* hervorgegangen. Die Wildform besiedelt nur ein kleines Gebiet, das vom Kaspischen Meer bis zum Bosporus reicht. Von der wilden Sauerkirsche hat sich schon früh eine Ausläufer treibende Zwergform, die Strauchweichsel *(Prunus acida)* abgespalten. Diese hat ein weiteres Verbreitungsgebiet erlangt als ihre Stammform. Verwildert und eingebürgert kommt sie auch bei uns in Deutschland vor. Nach Plinius ist die Sauerkirsche ebenfalls von Lucullus aus Cerasunt nach Italien eingeführt und von den Römern wiederum zu uns gebracht worden. Der Name »Weichsel« stammt aus dem nordischen Sprachgut und galt ursprünglich der heimischen Wildkirsche. Die Germanen lernten die süße Kulturkirsche wahrscheinlich erst am Oberrhein kennen, im damals römischen Gebiet. Sie übernahmen die römische Bezeichnung *cerasa*, woraus im althochdeutschen »Kirsa« und im Mittelhochdeutschen »Kirse« wurde. Merkwürdigerweise wurde der deutsche Name »Weichsel« auf die fremdländische Sauerkirsche übertragen.

¬ Bis zum Mittelalter gab es keine nennenswerte Sortenentwicklung. Im 17. Jahrhundert traten erstmals Kreuzungen zwischen Süß- und Sauerkirschen auf, die Glaskirschen. Geschmacklich nehmen die Früchte eine Mittelstellung zwischen den beiden Arten ein. Im Gegensatz zu den Süßweichseln, welche ebenfalls als Bastard entstanden sind, sind die Glaskirschen nicht färbend.

¬ Weitere Kreuzungen haben im 18. Jahrhundert die Knorpelkirsche hervorgebracht. Sie wird zu den Süßkirschen gerechnet. Ihr Fruchtfleisch ist fest, während das der Herzkirschen weich ist. Bei den Sauerkirschen unterscheidet man zwischen Weichselkirschen mit färbendem Saft und den Amarellen, welche nicht färbend sind.

Zur Kirsche gehören nicht nur die in der Einleitung erwähnten Bräuche, sondern auch eine bekannte Redensart: »Mit dem ist nicht gut Kirschen essen«. Diese Redensart stammt aus der Zeit, als Kirschbäume noch fast ausschließlich in den Gärten von Klöstern und Herrenhöfen wuchsen. Das Sprichwort warnte damals vor der Gunst hoher Herren, die auch ihre Schattenseiten haben konnte. So reimt ein mittelalterlicher Dichter schon um 1350: »und ist nicht gût / Mit herren kriesin essen, / Sie hant sich des vermessen: / Der sich da nicht hueten wil, / Sie werfen im der kriesin stil / in die ougen.« – Mit großen Herrn ist nicht gut Kirschen essen, sie werfen einem die Stiele (später auch: die Kerne) in die Augen.

HEDELFINGER RIESENKIRSCHE.

ad nat. A Rupp

Lith. Anst. A. Eckstein, Stuttgart

Hedelfinger Riesenkirsche

–

Mitte des 19. Jahrhunderts ist diese Sorte als Zufallssämling in Hedelfingen, einem Vorort von Stuttgart, entstanden. Die sehr ertragreiche Knorpelkirsche ist in Deutschland stark verbreitet. Es gibt von ihr verschiedene Typen und zahlreiche Synonyme, z.B. »Nussdorfer Schwarze«, »Erdbeerkirsche«, »Wahlerkirsche«.

Die mittelgroßen bis großen länglich ovalen, stumpf herzförmigen Früchte reifen in der fünften bis sechsten Kirschwoche. Bei Vollreife sind sie braunrot bis fast schwarz gefärbt, matt glänzend mit einem Hauch Violett. Die Früchte sitzen etwas schief an den mittellangen, grünen Stielen. Das bräunlich violette Fruchtfleisch ist fest, knackig, würzig und schmeckt ausgeglichen süßsäuerlich. Der leicht Bittermandelton ist in trockenen Jahren und bei starkem Fruchtbehang besonders ausgeprägt.

Der stark wachsende Baum bildet eine schöne hochkugelige Krone. Die Sorte verlangt einen guten Standort, ausreichend feuchte, durchlässige Böden ohne stauende Nässe. Im Sommer darf der Boden nicht zu sehr austrocknen, da die Kirschen sonst einen bitteren Geschmack bekommen. Die Blüten erscheinen mittelspät und sind sehr spätfrostempfindlich. Der Ertrag setzt zwar relativ spät ein, ist dann jedoch hoch und regelmäßig.

<
Hedelfinger Riesenkirsche, Pomologie des praktischen Obstbaumzüchters, 1894, Nr. 77

KOENIGIN HORTENSIA.

ad. nat. Ebenhusen. Lith. Anst. A. Eckstein, Stuttg

Königin Hortense

Diese alte Sorte wurde vermutlich von Girault (genannt Larose), dem Gärtner der Kaiserin Josephine von Frankreich, gezogen, und zwar aus einem Stein der Sorte »Cerise Larose«, die er selbst gezüchtet hatte. Sie ist eine Kreuzung aus Süß- und Sauerkirsche. Benannt wurde sie nach Königin Hortense von Holland. Es gibt auch noch zahlreich Synonyme, z.B.: »Königskirsche«, »Cerise Louis XVIII« oder »Donna Maria«.

Die Kirschen sind sehr groß, mit stark abgerundeter Bauchseite und gerader Rückenseite. Vom Stempelpunkt aus bildet die Frucht zwei völlig unterschiedliche Hälften. Bei Vollreife wird die mattgelbe durchscheinende Haut glänzend rot. Da die dünnen Stiele fest mit dem Fruchtholz verwachsen sind, wird dieses oft mit abgepflückt. Das mattgelbe, zarte Fruchtfleisch ist sehr saftreich, von angenehm süßsäuerlichem, erfrischenden Geschmack und liefert einen farblosen Saft.

Die Kirschen sind sowohl zum Frischverzehr als auch als Kompott- und Einmachfrucht bestens geeignet.
Der Baum wächst mittelstark und bildet eine breite, lockere Krone, deren Zweige mit zunehmendem Alter leicht hängen. Die frostempfindlichen Blüten erscheinen mittelfrüh und sind selbstunfruchtbar, brauchen also einen weiteren Kirschbaum als Pollenspender. Für sein Gedeihen benötigt der Baum einen geschützten Standort. Der Ertrag setzt früh ein und ist regelmäßig, aber nicht hoch. Leider sind die Früchte sehr regen- wind- und transportempfindlich. Durch die Fruchtgröße, die frühe Reifezeit und den hervorragenden Geschmack ist diese Sorte besonders für den Liebhaberobstbau geeignet.

< Königin Hortense, Pomologie des praktischen Obstbaumzüchters, 1894, Nr. 79

Die Pflaume

Prunus domestica

*

Die heutigen Kulturarten der Pflaumen, Zwetschgen, Mirabellen und Renekloden stammen von einer einzigen Großart, der Pflaume *(Prunus domestica)* ab. Diese Kultursippe ist aus einer Kreuzung von Schlehe und Kirschpflaume entstanden. Während die Schlehe *(Prunus spinosa)* in Europa bis Westasien heimisch ist, war die Kirschpflaume *(Prunus cerasifera)* ursprünglich von Persien bis Südwestsibirien zu finden. Als Ort der Entstehung wird das Gebiet vom Nordkaukasus bis zum Altai-Gebirge vermutet, da sich dort die Verbreitungsgebiete beider Arten überschneiden.

Es gibt von der Pflaume *(Prunus domestica)* verschiedene Unterarten, deren Einteilung jedoch sehr schwierig ist, da sich diese untereinander oder wiederum mit der Kirschpflaume kreuzen. Auf diese Weise sind zahlreiche Sorten entstanden.

¬ Eine sehr frühe Kultursorte, die bereits in der Antike erwähnt wird, ist die Damaszenerpflaume, deren Verbreitung von Syrien ausging. Sie hat bei der weiteren Sortenentwicklung eine wesentliche Rolle gespielt. Den Griechen war der Pflaumenanbau bereits im 7. Jahrhundert v. Chr. bekannt. Die Römer brachten die Pflanze dann 100 Jahre v. Chr. nach Italien und später in ihre Provinzen nördlich der Alpen. Allerdings kannte man dort die Pflaume auch schon als Nahrungsmittel, denn schon seit der Jungsteinzeit sammelten unsere Vorfahren heimische Wildpflaumen, die »Kriechele« und »Zibarten«. Pflaumensteine aus einer keltischen Siedlung der jüngeren Eisenzeit bei Schwäbisch Hall weisen bereits eine beachtliche Größe von 12–17 Milimetern auf. Man kann also davon ausgehen, dass schon eine gewisse Höherentwicklung durch gezielte Auslese stattgefunden hatte. An der Entstehung der

heutigen Kultursorten waren jedoch vorwiegend die aus Kleinasien stammenden Sorten der Römer beteiligt. Der deutsche Name »Pflaume« ist aus dem Lateinischen »Prunum« entlehnt. Die ursprünglichen Bezeichnungen für die Wildpflaumen wurden nicht für die Kultursorten übernommen. Die heilige Hildegard von Bingen unterscheidet zwischen »Gartenschlehen, Großprumen und Kriechen«.
¬ Mirabellen und Renekloden sind Mitte des 16. Jahrhunderts in Frankreich entstanden. Die kugeligen, süßen Renekloden haben eine grüngelblich bis rötlich schimmernde Haut und sind schlecht steinlösend. Ihr Name stammt von der französischen Königin Claude (franz. »Reine Claude«), Ehefrau Franz' I. von Frankreich. Mirabellen sind gut steinlösend und haben ein festes, süßes Fruchtfleisch. Die ersten französischen Mirabellenbäume standen in Mirabeau in der französischen Provence, von diesem Ort haben die Früchte ihren Namen.
¬ Die Zwetschge stammt aus dem Orient und kam relativ spät nach Italien. Zur Zeit des Augustus wurde sie dort jedoch bereits in großer Menge angebaut. Die ältesten Funde in Deutschland stammen aus der römischen Zeit. Sie fanden sich in einem römischen Brunnen von Aalen in Württemberg. Ihren Namen hat die Zwetschge daher, dass die Menschen »Damaszenerpflaume« nicht richtig aussprechen konnten.
¬ Um das Jahr 1560 soll es schon Pflaumen von der Größe eines Hühnereis gegeben haben. Ein Großteil der alten Sorten in Europa stammt aus Deutschland. Fast alle sind als Zufallssämlinge entstanden. Weltweit gab es um das Jahr 1900 über 2 000 Pflaumensorten.

blawe Pflaumen/ genandt blaw Spilling/ vnd Bůlsen

Hauszwetsche

Diese sehr alte Sorte ist in ganz Europa vertreten. Württembergische Söldner brachten sie vermutlich im 17. Jahrhundert vom Balkan nach Deutschland mit, wo sie sich dann überall verbreitete. Allerdings wurden in Aalen bereits in römischen Brunnen aus dem zweiten bis dritten Jahrhundert n. Chr. Steine gefunden, die denen der Hauszwetsche sehr ähnlich sind.

Die Hauszwetsche wird auch »Deutsche Zwetsche«, »Gemeine Zwetsche«, »Bauernpflaume«, »Quetsche« usw. genannt. Fast so zahlreich wie die verschiedenen Namen, unter denen sie bekannt ist, sind auch die unterschiedlichen Typen, die sich herausgebildet haben und die sich nach Reifezeit, Form und Farbe leicht unterscheiden.

Die Frucht hat eine länglich ovale Form mit flacher Bauchnaht. Die Schalenfarbe variiert von dunkelblau über violett bis schwarzbraun, und sie ist weiß beduftet, das heißt mit einem hellen Staub überzogen, wodurch die Früchte hellblau erscheinen. Das gut steinlösende Fruchtfleisch ist gelbgrün bis goldgelb, fest und süß mit feinem würzigem Geschmack. Der längliche, ovale Stein ist oben und unten unterschiedlich stark zugespitzt, flach und scharfkantig. Je nach Typ ist die Reifezeit unterschiedlich, von Anfang September bis Ende Oktober. Die Früchte sind gut lagerfähig und sehr vielseitig verwendbar, zum Frischverzehr, Dörren, Kochen und Backen.

Die Bäume wachsen mittelstark und bilden hochkugelförmige bis spitzpyramidale Kronen. Die Sorte liebt einen feuchten, warmen Standort und nähstoffreichen Boden. In der Blüte, welche spät erfolgt, ist die Sorte nicht empfindlich. Die Bäume sind fruchtbar und tragen früh. Bei nicht zusagendem Standort kann allerdings Alternanz auftreten, das heißt, der Baum bringt nur jedes zweite Jahr eine gute Ernte.

<
Pflaume,
Hieronymus Bock,
Kreuterbuch, 1565

KIRKES.

ad. nat. Ebenhusen.

Lith. Anst. Ebenhusen & Eckstein, Stuttgart

Kirkes Pflaume

Die »Kirkes Pflaume« wurde 1830 von der Baumschule Kirke in England in den Handel gebracht und nach ihrem Züchter benannt. Zehn Jahre später kam sie dann auch nach Deutschland.

Die großen kugelig-runden Früchte sind zuweilen etwas schief gebaut. Der kurze kräftige Stiel ist in einer flachen runden Grube eingepflanzt. Zur Reifezeit ist die Haut blau- bis schwarzrot gefärbt und stark beduftet. Auf dem kurzovalen, langen Stein steht bauchseits eine scharfe Kante, während sich rückseitig eine tiefe Kerbe befindet.

Die Haut der Kirkes Pflaume lässt sich gut vom Fruchtfleisch lösen. Bei Regenwetter springt sie nicht so schnell auf wie bei anderen Sorten. Das gut vom Stein lösende Fruchtfleisch ist grünlich gelb, strahlig geadert, sehr süß und saftig und von angenehmem würzigem Geschmack.
Im September werden die Pflaumen reif, und sie sind nicht nur für den Frischverzehr vorzüglich, sondern auch für die Verwertung vielseitig verwendbar.
Der Baum wächst stark und breitkronig. An den Standort stellt die Sorte keine besonderen Ansprüche. Sie ist sehr fruchtbar und gedeiht überall, wo Pflaumenanbau noch möglich ist.

<
Kirkes Pflaume, Pomologie des praktischen Obstbaumzüchters, 1894, Nr. 96

GELBE MIRABELLE.

ad. nat. A. Rupp

Lith. Anst. A. Eckstein, Stuttgart

Gelbe Mirabelle

Die Gelbe Mirabelle ist eine alte Sorte, deren Herkunft nicht bekannt ist. Sie wurde auch als »Aprikosenartige Mirabelle«, »Kleine Mirabelle« oder »La Mirabelle« bezeichnet und war im 19. Jahrhundert besonders im Taunus weit verbreitet.

Die Früchte sind klein, rundlich-oval mit ziemlich tiefer Furche. Der kurze, dünne, behaarte und etwas gebogene Stiel ist in einer schwachen runden Vertiefung mit braunem Ring eingepflanzt.

Zur Reifezeit Anfang August sind die Mirabellen weißlich-gelb, rot oder braun gesprenkelt, marmoriert und mit weißem Duft überzogen. Bei Regenwetter platzen die Früchte nicht auf und faulen nicht an den Bäumen. Das Fruchtfleisch ist gut steinlösend, zart, zuckersüß und von vorzüglichem Geschmack. Die »Gelbe Mirabelle« ist nicht nur eine hervorragende Tafelfrucht, sondern wurde früher oft auch als Dörr- oder Einmachfrucht verwendet. Nicolas Gaucher schreibt in seiner *Pomologie des praktischen Obstbaumzüchters* 1894: »Keine andere Sorte liefert ein so vorzügliches Kompott und so feinen Kuchen als diese.« Der Baum wächst schwach und langsam, bleibt klein, ist jedoch langlebig und sehr fruchtbar. Er gedeiht in allen nicht zu schweren, kalten und nassen Böden.

<
Gelbe Mirabelle, Pomologie des praktischen Obstbaumzüchters, 1894, Nr. 93

I. Die kleine Mirabelle.
II. Die grosse Königin Claudie.

Grosse Grüne Reneklode

Sie gilt als die wertvollste aller Renekloden und ist zweifellos eine sehr alte Sorte, die wahrscheinlich aus Armenien stammt. Seit Mitte des 15. Jahrhunderts ist sie in Frankreich im Anbau und wurde nach der Gemahlin »Claudia« von König Franz I. von Frankreich (1525) benannt. Es gibt verschiedene Typen und insgesamt über 100 Synonyme, z.B. »Reine Claude«, »Zuckerpflaume« oder »Daphne«. Sickler nennt sie im *Teutschen Obstgärtner* die »Große Königin Claudie«.

Die kleinen bis mittelgroßen Früchte reifen Ende August bis Mitte September. Sie sind grün bis goldgelb, auf der Sonnenseite rötlich verwaschen und bräunlich rot gesprenkelt. Das grünlich gelbe Fruchtfleisch löst sich oft schlecht vom Stein, ist sehr saftig, sehr süß und mit kräftiger Würze. Wegen des hervorragenden »königlichen« Geschmacks werden sie gerne frisch gegessen. Sie sind aber auch gut verwertbar für Kompott und Marmelade sowie zum Brennen.

Der Baum wächst mittelstark und bildet eine breitkugelige Krone. Er blüht mittelspät und nur für kurze Zeit. Die Blüten desselben Baumes befruchten sich nicht gegenseitig (sie sind selbststeril), sind aber gut als Pollenspender für andere Bäume geeignet. Der Ertrag ist je nach Standort unterschiedlich, meist jedoch nur mittelhoch. Aufgrund des nur mittelstarken Wuchses und der vielseitigen Verwendungsmöglichkeiten ist die Sorte gut für den Hausgarten geeignet.

<

Große grüne Reneklode, Der teutsche Obstgärtner Bd.2, 1794, Tafel 13

Tab: 59
Apricose von Nancy

Aprikose von Nancy

Die Heimat der Aprikose *(Prunus armeniaca)* liegt vermutlich in China. Wie der Pfirsich wird sie dort bereits seit gut viertausend Jahren kultiviert. Wildarten der Aprikosen finden sich von Japan bis Afghanistan. Über Armenien und Kleinasien gelangte sie nach Griechenland und verbreitete sich im gesamten Mittelmeerraum. Die Römer brachten sie schließlich in die deutschen Gebiete. Noch im Spätmittelalter hielt man sie für einen frühreifenden Pfirsich und nannte sie »Praecosia« (vom lateinischen *praecox* – »frühreif«), woraus dann schließlich »Aprikose« wurde. In der deutschen Literatur wird sie erstmals 1577 von Hieronymus Bock in seinem *Kreuterbuch* beschrieben.
Aprikosen lieben sehr warme, durchlässige Standorte. Das Holz ist zwar ziemlich frosthart, doch sind die Bäume aufgrund des frühen Austriebs besonders empfindlich gegenüber Kälterückschlägen im Spätwinter.
Im deutschsprachigen Raum sind Aprikosen hauptsächlich in Österreich, am Rhein und in den süddeutschen Weinanbaugebieten verbreitet. Die »Aprikose von Nancy« soll im Jahre 1709 nach Frankreich gekommen sein. In der Gegend um Nancy fiel sie auf und wurde Mitte des 18. Jahrhunderts erstmals beschrieben. Sie wurde auch »Nancymarille«, »Pfirsischaprikose« und »Württemberger Aprikose« genannt.

Die Früchte sind groß bis sehr groß, rundlich oval bis breit eiförmig und etwas ungleichseitig mit breiter Bauchnaht. Zur Reifezeit Anfang bis Mitte August ist die feste, relativ wollige Fruchthaut von orangegelber Grundfarbe, sonnenseitig mit karminrot verwaschenen Streifen oder Punkten. Das gelb-orangefarbene Fruchtfleisch ist mittelfest und nur wenig saftig.

<
Aprikose von Nancy, Abhandlung von den Obstbäumen, 1792/93, Tafel 59

Nur an warmen, geschützten Standorten entwickelt sich der süßsäuerliche, sehr aromatische Geschmack. Die gut steinlösenden Früchte sind sowohl zum Frischverzehr wie auch als Küchenfrucht verwendbar. Der starkwüchsige Baum bildet eine kugelige Krone. Typisch für die Sorte sind die fast waagerecht stehenden Leitäste, die dicht mit Seitenästen und Fruchtholz garniert sind.

JUNGFRAU VON MECHELN.

ad. nat. Ebenhusen. Lith. Anst. Ebenhusen & Eckstein, Stuttgart

Pfirsich Jungfrau von Mecheln

–

Pfirsiche werden in Ihrer Heimat in China seit über viertausend Jahren angebaut. Der Pfirsich gehört zur Gattung *Prunus* in der Familie der Rosengewächse und ist eng verwandt mit Aprikose und Mandel. Über Persien und Kleinasien erfolgte seine Ausbreitung in die Mittelmeerländer. Mit den Römern gelangte er schließlich an den Rhein. Im Mittelalter wurde er in Deutschland als Besonderheit an den Fürstenhöfen kultiviert.

Da Pfirsiche sehr wärmeliebend sind, beschränkt sich ihr Anbau bei uns auf die Weinbaugebiete. Der Name entwickelte sich aus dem griechischen *Persice melea* bzw. dem lateinischen *Persica malus* – »Apfel aus Persien«, denn man wusste damals noch nicht, dass der Pfirsich aus China stammt. Die Pfirsichsorte »Jungfrau von Mecheln« war im 19. Jahrhundert eine beliebte Tafel-, Haushalts und Marktfrucht.

Die Früchte sind ziemlich groß, rundlich und etwas zugespitzt, mit sehr dünner, flaumreicher Schale. Zur Reifezeit Ende September sind sie weißlich gelb, auf der Sonnenseite rötlich verwaschen und mit dunklen, karminroten, netzartig verteilten Streifen versehen und gesprenkelt.

Das Fruchtfleisch ist weiß, um den Stein herum rötlich verwaschen. Es löst sich gut vom Stein, ist sehr fein und schmelzend, sehr saftig sowie von vorzüglichem Geschmack. Die Bäume wachsen mittelstark, sind nicht empfindlich, langlebig und sehr fruchtbar.

<
Jungfrau von Mecheln, Pomologie des praktischen Obstbaumzüchters, 1894, Nr. 87

Tab: 44

Mandelbaum mit groſser ſuſser Frucht.

Mandel

Prunus amygdalus

Der Mandelbaum stammt aus West- und Zentralasien. Er gehört zur Familie der Rosengewächse und ist eng mit Pfirsich und Aprikose verwandt. Seit der Karolingerzeit wird er auch nördlich der Alpen an besonders geschützten Stellen angepflanzt, so erscheint er zum Beispiel auf dem berühmten Klosterplan von St. Gallen und in der Hofgüterordnung Karls des Großen.

Die meist strauchförmig wachsende Pflanze wird nur wenige Meter hoch und hat rötlich gefärbte Zweige, mit dunkelgrünen, schmalen Blättern, die die Form einer Lanzenspitze haben. Im zeitigen Frühjahr erscheinen die rosafarbenen oder weißen Blüten. Aus den Fruchtknoten entwickelt sich die ovale, graugrüne, silbrig behaarte Steinfrucht. Das Fruchtfleisch, welches nicht essbar ist, umschließt den Steinkern mit dem Samen bzw. der Mandel.

Der Mandelbaum wird hauptsächlich in zwei Varietäten angebaut, den Süßmandeln *(var. sativa)* und den Bittermandeln *(var. amara)*. Süßmandeln werden zur Verfeinerung von Backwaren und zur Herstellung von Marzipan verwendet. In der Pharmazie dient das Öl der Süßmandel zur Herstellung milchiger Emulsionen. Aus dem Samen der Bittermandel, welche hohe Anteile des blausäurehaltigen Glykosids Amygdalin enthalten, wird das Bittermandelöl gewonnen. Schon wenige, roh genossene Bittermandeln genügen, um tödliche Vergiftungen hervorzurufen. Beim Backen verliert sich jedoch die toxische Wirkung.

Die »Große Süße Mandel« ist eine der größten Mandelsorten. Ihre Hülle ist gelbgrün, mit dichter, weißer Behaarung. Wenn sie reif ist, öffnet sich die Frucht und entlässt die Mandel, welche 3,7 cm hoch und 2,4 cm breit ist.

Der Mandelkern galt im Mittelalter als Symbol für die Reinheit Mariens. Berühmt ist auch das Bild aus dem Propheten Jeremia, bei dem der blühende Mandelzweig Symbol für neue Hoffnung nach einer harten Zeit ist.

<
Mandel,
Abhandlung von den Obstbäumen, 1792/93,
Tafel 44

Haſelnuß.   CCXXIII.

Haselnuss

Corylus avellana

–

Nach der letzten Eiszeit, vor ca. 9 000 Jahren, in der Übergangszeit zwischen späteiszeitlichen Kiefer-Birkenwäldern und den darauf folgenden, Wärme liebenden Eichenmischwäldern gab es ganze Wälder aus Haselsträuchern. Heute findet man den Haselstrauch an Waldrändern, in Laubmischwäldern, in Hecken und Feldgehölzen.

Der ebenmäßige Großstrauch aus der Familie der Birkengewächse wird zwei bis sechs Meter hoch und bildet eine schirmförmig ausladende Krone. Im zeitigen Frühjahr, noch vor dem Laubaustrieb, erscheinen die Blüten. Die auffälligen, gelben Kätzchen sind die männlichen Blüten. Die weiblichen Blüten sehen fast wie Blattknospen aus, mit fädigen, roten Narben, die aus der Knospenschuppe herausragen.

Bereits bei den steinzeitlichen Jägern und Sammlern waren die fett- und energiereichen Nüsse ein willkommenes Nahrungsmittel. Wie der Holunder ist auch die Haselnuss kulturgeschichtlich eng mit dem Menschen verbunden und seit der Jungsteinzeit immer in der Nähe von Höfen und Dörfern zu finden.

Der Hasel ist eine uralte germanische Zauberpflanze, der zahlreiche Fähigkeiten zugesprochen wurden. Weit verbreitet war die Vorstellung, dass sie Unheil abwehren könne. Eine Haselrute in der Hand oder ein Haselstöckchen in der Tasche schützte vor Hexen, Vampiren, Kriegsverletzungen und vielem mehr. Auch das Vieh konnte mit Hilfe der Hasel vor Behexung geschützt werden, bzw. die Verhexung aufgehoben werden. Besonders weit verbreitet war der Glaube, dass der Hasel der Schlangen Feind sei. Da die Haselrute auch ausgezeichnet dazu geeignet war, Kraftströme fließen zu lassen, wurde sie häufig als Wünschelrute verwendet. Dem Strauch wurde die Fähigkeit zugeschrieben, störende Erd- und Wasserstrahlen abzuleiten. Selbst vor Gewitter und Blitz konnte der Strauch schützen, da er dem Gewittergott Donar geweiht war.

Die Haselnuss ist auch ein uraltes Fruchtbarkeits- und Sexualsymbol. Wenn einem Mädchen anstelle eines Birkenbäumchens ein Haselnussstrauch als »Maien« gesteckt wurde, so bedeutete dies, dass man mit dem Mädchen leicht in die Haseln gehen konnte. Als Aphrodisaikum erscheint die zu Pulver gemahlene Rinde in einem Rezept des 15. Jahrhunderts: »Wenn einer nit mynnen mag …«

<
Haselnuss
Leonhart Fuchs,
Kreüterbuch, 1543,
Tafel 223

Welschnuß.

CCXIII.

G 3

Walnuss

Juglans regia

–

Die Walnuss gehört zur Familie der Walnussgewächse. Der ansehnliche Baum wird bis zu 15 Meter hoch und bildet eine runde, lockere Krone. Die Blätter sind unpaarig gefiedert und von stark aromatischem Geruch. Mitte Mai erscheinen die unauffälligen Blüten, männliche braungrüne Kätzchen und kleine, becherförmige weibliche Blüten.

Die zwei bis drei Zentimeter großen Steinfrüchte bestehen aus der grünen, fleischigen, sehr bitteren Schale und dem Stein, bzw. der Nuss. Die Nüsse sind sehr wohlschmeckend, enthalten viele Mineralstoffe und liefern ein sehr wertvolles Öl.

Ursprünglich war die Walnuss in Südosteuropa und Westasien beheimatet. Über Griechenland gelangte der Baum nach Italien. Aus Funden bei jungsteinzeitlichen Pfahlbauten in Süddeutschland weiß man, dass die Walnuss nicht erst durch die Römer nach Mitteleuropa gekommen ist. Doch die Römer brachten veredelte Sorten mit in die von ihnen besetzten Gebiete und betrieben auf ihren Gütern gezielten Anbau. Allgemein bekannt wurde die Walnuss bei uns erst um 800 durch die Landgüterverordnungen Karls des Großen, das *Capitulare de villis*. Die Bezeichnung »Welschnuss« bezieht sich auf die Welschen. So wurden die Nachbarn mit romanischen Sprachen genannt, also die Bewohner Italiens und Frankreichs. Dort wurde der Baum unter dem Einfluss der Römer besonders häufig angebaut. Die grüne Nussschale wurde früher getrocknet, pulverisiert und als Pfeffer-Ersatz und Färbemittel verwendet.

Im alten Volksglauben spielt die Walnuss in ganz Europa eine große Rolle. In vielen Gegenden Italiens gilt der Walnussbaum als Hexenbaum, unter dem sich besonders in der Johannisnacht die Hexen zum Tanz versammeln. Dass der Schatten des Walnussbaums schädlich sei, glaubte man in vielen Ländern Europas. Der lateinische Name für Nuss heißt nux und ist verwandt mit nocere, »schaden«. Viele Bräuche um die Walnuss hängen mit dem Johannistag zusammen, vermutlich weil der Baum im Hexenglauben eine große Rolle spielt. In Oberfranken werfen die Mädchen kleine Kränzchen aus Walnusszweigen ins Johannisfeuer und beißen dann in die halbverkohlten Kränzchen, um das Jahr über keine Zahnschmerzen zu bekommen.

<
Walnuss
Leonhart Fuchs, Kreüterbuch, 1543, Tafel 213

VII. Die rothe Monats-Erdbeere.

Monatserdbeere

Fragaria vesca var. semperflorens

Die Monatserdbeere ist eine Varietät der bei uns heimischen Wald-Erdbeere (*Fragaria vesca*), welche häufig in Waldschlägen, Waldlichtungen, an Waldrändern und -wegen vorkommt. Die Staudenpflanze gehört zur Familie der Rosengewächse. Im Frühjahr treibt sie aus einem dicken Wurzelstock dreiteilige, am Rande grob gezähnte Rosettenblätter. Danach erscheinen an den Stängel-Enden drei bis zehn traubig angeordnete weiße Blüten mit gelbem Blütenboden in der Mitte. Die ein bis zwei Zentimeter großen Sammelfrüchte entstehen aus dem fleischig werdenden Blütenboden. Auf der Oberfläche der roten »Beeren« sitzen die eigentlichen Früchte, winzig kleine Nüsschen.
Die Pflanze ist schon sehr lange bei uns beheimatet. Bereits in der letzten Zwischeneiszeit war sie vertreten, was durch Blattfunde nachgewiesen werden konnte. In der Nacheiszeit fehlte sie zunächst, doch bereits in der Jungsteinzeit tauchte sie wieder auf, wie Funde in verschiedenen Siedlungen im Württembergischen Frankenland zeigen. Als Kulturpflanze wurde sie in Frankreich seit dem 14. Jahrhundert angebaut. Die Monatserdbeere ist eine südosteuropäische Abart der Wald-Erdbeere, die in Mitteleuropa ursprünglich nur in den Sudeten bis zum Riesengebirge heimisch war. Während die Wald-Erdbeere nur einmal blüht und fruchtet, erzeugt die Monatserdbeere von April bis Oktober Blüten und Früchte. Der französische Gärtner und Botaniker Antoine Nicolas Duchesne führte die Monatserdbeere 1764 in die Gärten um Paris ein, wo sie rasch die gewöhnlichen Sorten der Wald-Erdbeere verdrängte. Von Turin kam sie nach England, und von dort schließlich nach Deutschland.

<
Monatserdbeere,
Der teutsche Obstgärtner Bd.21,
1804, Tafel 2

Die Früchte der Monatserdbeere sind länglich, die Fruchtfarbe ist hellrot, an der Sonnenseite etwas dunkler. Das Fruchtfleisch ist zart, saftig, locker mit süßem, leicht würzigem Geschmack. Von Juni bis Oktober ist Erntezeit.

Eine Mutter, deren Kind gestorben ist, darf vor Johanni keine Erdbeeren essen, da das Kind im Himmel sonst keine Erdbeeren bekommt, weil die Mutter sie ja schon aufgegessen hat. Erdbeeren als Speise im Paradies erscheinen auch öfters auf mittelalterlichen Bildern, auf denen Maria in einem Garten voller Erdbeeren sitzt.

Ananaserdbeer

Ananas-Erdbeere

Fragaria grandiflora (ananassa)

–

Die Erdbeerkultur bekam großen Aufschwung, als großfruchtige amerikanische Arten nach Europa gebracht wurden.
Zunächst wurde 1623 die Scharlach-Erdbeere eingeführt. Dann kam im 18. Jahrhundert die Riesen-Erdbeere hinzu. Ein französischer Offizier brachte 1712 fünf Pflanzen aus Chile nach Brest in Frankreich, wo bald ein Zentrum der Erdbeerkultur entstand. Von dort wurden die Märkte in Paris beliefert und sogar Schiffsladungen ins Ausland gebracht. Für eine weitere Verbreitung war sie aber zu anspruchsvoll und nicht winterhart genug.
Da erschien um die Mitte des 18. Jahrhunderts in Holland die Ananas-Erdbeere. Sie gilt als Bastard aus der Scharlach-Erdbeere *(Fragaria Virginiana)* und der Riesen-Erdbeere *(Fragaria chiloensis)*. Wahrscheinlich ist sie ganz von selbst in einem Garten entstanden, in dem beide Ausgangsformen kultviert wurden. Von der chilenischen Art hat sie die Größe von Blüten und Früchten sowie die Festigkeit des Fruchtfleisches und die Fruchtfarbe geerbt, von der Erdbeere aus Virginia dagegen die Winterfestigkeit und die hohe Ertragsfähigkeit.

Die Pflanze ist in allen Teilen relativ groß und der Fruchtstiel stark und lang. Die Früchte sind sonnenseits hellrot, schattenseits hellgelb gefärbt. Das Fruchtfleisch ist locker und von angenehmem Geschmack. Der Geruch ähnelt dem der Ananas, woher sie ihren Namen hat.

<
Ananas-Erdbeere, Abhandlung von den Obstbäumen, 1792/93, Tafel 26

Schnell trat die neue Art ihren Siegeszug durch ganz Europa an. Sie war die Grundlage für eine intensive Kreuzungszüchtung, aus der unsere heutigen Gartenerdbeeren hervorgegangen sind.

Fig: I.

Amerikanische schwarze Johannisbeer.

Fig: II.

Groſse schwarze Johannisbeer.

Schwarze Johannisbeere

Ribes nigrum

Die Wildform der Schwarzen Johannisbeere kommt bei uns ziemlich selten in Erlenbrüchen und Auwäldern auf staunassen oder zeitweilig überfluteten nährstoffreichen Böden vor. Das natürliche Verbreitungsgebiet liegt in Nord- und Osteuropa, auch im nördlichen Teil Deutschlands, in Böhmen, Mähren und Niederösterreich. Sie wächst als aufrechter Kleinstrauch bis eineinhalb Meter hoch. Die drei- bis fünflappigen, wechselständigen Blätter verströmen einen intensiven, etwas strengen Geruch, was ihr auch den Namen »Wanzenbeere« eingebracht hat. Im April bis Mai erscheinen die unauffälligen, grünlich-rötlichen Blüten in überhängenden Trauben. Die schwarzen Beeren sind essbar, mit strengem Geruch und herbem Geschmack. Als Kulturpflanze trat die Schwarze Johannisbeere erst in der zweiten Hälfte des 16. Jahrhunderts in Erscheinung. 1583 veröffentlichte *Dodonaeus* die erste Abbildung von ihr, und im *Hortus Eystettensis* wird sie 1613 als *Ribes fructu nigro* aufgeführt. Die Beeren sind sehr reich an Vitaminen, organischen Säuren, Aromastoffen und Pflanzenfarbstoffen. Sie wirken appetitanregend, reinigend und adstringierend, schützen die Gefäße und die Netzhaut und wirken sich positiv auf das Sehvermögen bei Dämmerung aus. Bei Gichtleiden werden die Blätter verwendet, welche antirheumatische, harntreibende und reinigende Eigenschaften haben. Hildegard von Bingen erwähnt bereits im 12. Jahrhundert einen »Gichtboum«, womit die schwarze Johannisbeere gemeint sein könnte.

Auch in der sympathetischen Medizin kam die Pflanze als »Gichtbaum« zum Einsatz. Gegen reißende Gicht ging man in Mecklenburg vor Sonnenaufgang zu einem Schwarzen Johannisbeerstrauch und sprach: *»Busch ik klag di / De riten Jicht die plagt mi / Sei plagt mi woll Dag un Nacht: / De irst Vagel, die oewer di flicht / Dei nem dei riten Jicht mit.«*

<
Schwarze Johannisbeere, Abhandlung von den Obstbäumen, 1792/93, Tafel 38

ſtanien brau
grūn Laub iſ
laub/doch v
an den Groſ
von farben
bringt diſer
te blūmlein /
runde Beerl
nem kleinen
die werdē v
roht/am geſ
die Frucht a

Das m
an den Waſ
iſt mit Gert
gleich / der g
ſich gar nic
mandts diſe
ein ſeltzamen
brechen.

Noch fi
rohten Beer
gemeinlich
Zwylling ne

Rote Johannisbeere

Ribes rubrum var. rubrum

–

Die Johannisbeeren gehören zur Familie der Stachelbeergewächse. Neben den roten Sorten gibt es auch noch weiße, fleischfarbene und gestreifte. Die Beeren enthalten sehr viel Vitamin C, Zucker, organische Säuren und Mineralstoffe. Der Saft ist durststillend, verdauungsfördernd und appetitanregend. Durch den hohen Gehalt an Pflanzenschleimen und Pektinen wirken die Beeren leicht abführend. Die rote Johannisbeere ist zwar allgemein bekannt und in den Gärten weit verbreitet, doch als Obstgehölz wurde sie vergleichsweise spät in Kultur genommen. Im Altertum und selbst im Mittelalter war der Strauch noch nicht bekannt.

Erstmals erwähnt wird sie im 15. Jahrhundert unter dem Namen *Ribes*. Diese Bezeichnung galt ursprünglich dem »Rhabarber des Libanon« *(Rheum ribes)*, welcher bei den Arabern als Heilpflanze hoch geschätzt war. Auf der Suche nach Ersatz für diese Heilpflanze verwendete man bei uns Pflanzen mit säuerlichem Saft und nahm die Johannisbeere in Kultur. Die Reifezeit der Beeren um Johanni hat zur Entstehung des Deutschen Namens »Johannisbeere« geführt.

Erste Nachrichten von einer Garten-Johannisbeere kamen aus dem Gebiet des heutigen Belgien. Vermutlich ist sie dort aus der in Mitteleuropa heimischen Wald-Johannisbeere *(Ribes rubrum var. sylvestre)* herausgezüchtet worden. Es wurden auch noch andere Wildformen in Kultur genommen. In den Gärten Nord- und Osteuropas war eine Sorte verbreitet, die vermutlich aus der Felsen-Johannisbeere *(Ribes petraeum)* und der nordischen Wild-Johannisbeere *(Ribes spicatum)* entstanden ist. Unsere heutigen Sorten dürften Bastarde aus diesen beiden frühen Kulturformen sein. Später wurden auch noch amerikanische Sorten miteingekreuzt.

Ganz naturgetreu wird der Strauch im Jahr 1543 von Leonard Fuchs abgebildet, ihm folgt auch Hieronymus Bock in seinem Kreuterbuch. Fuchs schreibt dazu, dass man ihn »Sant Johansbeerlin oder -treüblin nennt, in den Apotheken aber Ribes«.

<
Johannisbeere,
Hieronymus Bock,
Kreuterbuch, 1565

WEISSE KAISERLICHE

Lith. Anst. A. Eckstein., Stuttgart

Weiße Kaiserliche Johannisbeere

Die weißen Johannisbeeren gehören wie die roten zur Gruppe der Gartenjohannisbeeren *(Ribes rubrum)*. Sie sind weniger säurereich und schmecken deshalb milder als die roten Johannisbeeren. Daneben gibt es auch noch rosarote, fleischfarbene und als Kuriosität gestreifte Sorten. Weiße Johannisbeeren nimmt man wegen ihrer Farbe gern zur Herstellung von Johannisbeerwein und -sekt. Angeblich sollen die weißen Beeren auch weniger Vögel anziehen als die rote Variante, weil die Vögel sie nicht als reif erkennen.

Da die Johannisbeeren aus unserem Klimagebiet stammen, ist ihr Anbau relativ unproblematisch. Allerdings lieben die Sträucher einen sonnigen Standort und einen nährstoffreichen, humosen Boden ohne Staunässe. Besonders zu erwähnen ist der hohe gesundheitliche Wert der Johannisbeeren. Sie sind sehr vitaminreich, enthalten eine große Menge Mineralstoffe und sind dabei auch noch sehr kalorienarm. Die Sorte »Weiße Kaiserliche« wurde von Nicolas Gaucher in seinem Buch *Pomologie des praktischen Obstbaumzüchters* für den erwerbsmäßigen Anbau empfohlen, denn er hielt sie für die beste, schönste und reichtragendste weiße Johannisbeersorte.

Sie bildet sehr lange Rispen mit großen, gedrängten, durchsichtigen, gelblich weißen Beeren. Der Geschmack der Beeren ist süß und angenehm mild. Ab Ende Juni bis Anfang Juli können die Beeren geerntet und frisch verzehrt oder verarbeitet werden. Der Strauch ist sehr wuchsfreudig und langlebig, und er trägt reich und regelmäßig.

<
Weiße Kaiserliche Johannisbeere, Pomologie des praktischen Obstbaumzüchters, 1894, Nr. 100

Groſſelbeer.

Diſer Staude
Alten/ nemlich
lib. j. cap. ciiij.
nam / Neprun
cham/Albam ſp
uinum ſpinum
oder Socialem
theil entlehnet/
λευκὴ, gehören
lib. iij. cap. xij.
iſt ein beſonder
Serapio nenn
cclxvj. Andere

Von

DIE G
ſchafft/
Artzney

DIſe Be
ſeind ſie
Weinb
Kuchenmeyſte
zeittige Beerle
das gibt der S
ſchmack/nicht
gen/Coleriſche
Auß gen
mag man ein
beeren das Aa

Stachelbeere

Ribes uva-crispa

–

Unsere heimische Wilde Stachelbeere wächst als dicht verzweigter Kleinstrauch mit leicht überhängenden, stacheligen Zweigen. Die wechselständigen, drei- bis fünflappigen Blätter erscheinen recht früh, teilweise schon Ende März. Im Mai erscheinen in den Blattachseln die grünlich braunen, glockigen Blüten. Die erbsengroßen Beeren sind ebenfalls grünlich bis bräunlich behaart und sind essbar. Man findet den Strauch im lichten Schatten von Hecken, Gebüschen, Waldsäumen und in Schlucht- und Auwäldern.

Die Pflanze wurde erst relativ spät in Kultur genommen, weder im Altertum noch im Mittelalter wird sie in den botanischen Werken erwähnt. Am Ende des 15. Jahrhunderts erscheint erstmals eine Abbildung der Stachelbeere auf einer Randleiste des *Breviarum Grimani*, eines prächtig verzierten Gebetbuchs. Dort wird sie als blühender, reich bestachelter Zweig dargestellt. Im botanischen Schrifttum wird die Stachelbeere 1537 in einem in Basel erschienenen Werk von *Ruellius* beschrieben. Danach muss sie zu jener Zeit in den Gärten um Basel häufig vertreten gewesen sein. Leonard Fuchs, der sie in seinem Kreuterbuch unter dem Namen Krüselbeer beschreibt und abbildet, kennt dagegen nur die Wildform. Folglich wurde sie 1543 in den Gärten um Tübingen noch nicht kultviert. Im Jahr 1561 wird jedoch von Conrad Gesner, einem der bedeutendsten Vätern der Botanik, in seinen *Horti Germaniae* bereits eine großfrüchtige Kulturform beschrieben. Bis zur Mitte des 18. Jahrhunderts gab es 5 Sorten, welche alle aus der einheimischen Wilden Stachelbeere herausgezüchtet worden waren. Dabei war es gelungen, das Gewicht der Beeren von einem Gramm auf fünfzig Gramm zu steigern. Später hat man noch amerikanische Arten eingekreuzt, bis schließlich eine große Zahl an Kultursorten entstanden war.

Im Volksglauben dienten die stacheligen Zweige des Strauches zur Abhaltung von Hexen. Leonard Fuchs schreibt darüber: »Man sagt auch das die aste von den Krüselbeeren für die thür und fenster gestrewet oder gelegt allerley zaubereyen ond vergiftung vertreiben.«

<
Stachelbeere, Hieronymus Bock, Kreuterbuch, 1565

Rubus idaeus. 1-7. Blüthe. 6-12. Frucht. 13. Saame. Hohlbeer Staude.

Himbeere

Rubus Idaeus

Der Name Himbeere lautet im Althochdeutschen Hintberi (englisch *hindberry*), was soviel bedeutete wie Beere der Hinde oder Hirschkuh. Im Volksmund wird sie auch Hohlbeere genannt, da die Früchte beim Ernten von der Mittelachse abgestreift werden und dann hohl sind.

Die Himbeere gehört zur Familie der Rosengewächse und wächst als dickicht-artiger Scheinstrauch bis zu zwei Meter hoch. Im zweiten Jahr setzen die Schösslinge Blüten und Früchte an, danach sterben sie ab. Die wechselständigen Blätter sind aus 3–7 Fiedern zusammengesetzt, oberseitig runzelig und dunkelgrün, unterseitig weißfilzig oder blaugrün. Im Mai oder Juni erscheinen die kleinen, unauffällig weißen Blüten, die durch Insekten bestäubt werden.

Die essbaren, roten Beeren sind Sammelfrüchte, bestehend aus kleinen Steinfrüchtchen entlang einer fleischig verdickten Mittelachse. Sie schmecken süß, aromatisch und sind sehr reich an Vitamin C und B, ätherischen Ölen, Taninen und Pektinen. Die Polyphenole verleihen den Früchten hervorragende entzündungshemmende Eigenschaften und schützen die Blutgefäße. Aufgrund dieser vielfältigen Inhaltstoffe ist die Himbeere nicht nur als wohlschmeckendes Obst, sondern auch als Heilmittel zu sehen.

Bereits von den Griechen und Römern wurden die Himbeeren zu medizinischen Zwecken gesammelt. Von den nachmittelalterlichen Heilkundlern wurde der medizinische Wert der Pflanze sehr hoch eingeschätzt, ähnlich dem der Brombeere. In der Mythologie spielte die Himbeere jedoch keine Rolle. Dagegen erscheint im Nibelungenlied der Himbeerwein als ein besonders kostbares Getränk.

Als Obstgehölz wird sie seit dem Mittelalter in verschiedenen Sorten kultiviert. Die Gartenformen stammen von der europäischen Wildart ab, teilweise wurden auch nordamerikanische Sorten eingekreuzt.

<
Himbeere, Herbarium Blackwellianum, 1750–1765, Tafel 289

Theophraſtus lib. 3.
cap. 18.

Negligentia Colono-
rum.

Genus.

1. Rubus Matth. Lob. ſeu Batus Fuch. Maior Dod. Vulgaris Thalij Morus baſſus. Offic.

Brombeere

Rubus fruticosus

–

Der botanische Name *Rubus fruticosus*, oft auch als *Rubus sp.* bezeichnet, ist eigentlich keine Artbezeichnung im engeren Sinne, sondern ein Sammelbegriff für eine äußerst formenreich Pflanzengruppe von über zweihundert Arten und Lokalsippen, die jedoch alle in einigen Hauptmerkmalen übereinstimmen.

Die Brombeere gehört zur Familie der Rosengewächse. Sie wächst strauchartig, mit langen, bogenförmig überhängenden Trieben. Im zweiten Jahr wachsen daraus kürzere Triebe mit Doldentrauben, die je nach Art nur wenige oder recht viele Blüten enthalten. Die Blüten können alle Farbschattierungen zwischen cremeweiß und purpurrot aufweisen. Nach dem Fruchten sterben die Triebe ab, weshalb die Pflanze nicht zu den echten Sträuchern gerechnet wird, sondern zu den Scheinsträuchern.

Im September reifen die Beeren, schwarze, glänzende Sammelfrüchte mit erfrischendem, süßsäuerlichem Geschmack. Sie enthalten sehr viele Vitamin A sowie andere Vitamine und Mineralstoffe. Auf Grund seiner weiten Verbreitung und seiner vielen Stacheln galt der Brombeerstrauch als »gemeinster aller Beerensträucher«, und seine Früchte wurden als »Armenspeise« gering geachtet. Andererseits stand die Pflanze in der Volksmedizin in hohem Ansehen. Bereits Pedanius Dioskurides, ein bedeutender Botaniker der Antike, empfahl das Kauen von Brombeerblättern bei Entzündungen im Mund. Die mittelalterlichen Heilkundigen Hildegard von Bingen und Albertus Magnus maßen der Brombeere große Bedeutung als Heilmittel zu. Alle Pflanzenteile innerlich und äußerlich verwendet sollten gegen Mundfäule, wackelnde Zähne, Halsgeschwüre, Erbrechen und Vergiftungen durch Schlangenbisse helfen.

<
Brombeere, Hieronymus Bock, Kreuterbuch, 1565

Im deutschen Volksglauben wurden der Brombeere als stacheligem Strauch eine schützende Wirkung gegen das Böse und die Hexen nachgesagt. Beim Durchkriechen der langen, bogenförmigen Triebe sollten sich die Kräfte auf den Menschen übertragen und vor Krankheit und Verzauberung bewahren. Wie von anderen Baum- und Strauchfrüchten heißt es auch von der Brombeere, dass ihr zahlreiches Auftreten einen harten Winter ankündige. Den Winzern sagte die reiche Brombeerblüte eine ausgezeichnete Weinernte voraus, weshalb sie die stacheligen Gesellen in ihren Weinbergen duldeten.

1. Vitis Idæa Theophrasti Clusij in Pannon. Dalechamp. seu Myrtillus Matth. Off. Vaccinia nigra Lobel. Dod. Vit. Idæa minor Thalij. Myrtillus Germanica Herbar. Lugd.

Locus.

Forma.

Tempus.

Sapor.

Vsus.

Altera species.

Locus.

Heidelbeere

Vaccinium myrtillus

Der fünfzehn bis fünfzig Zentimeter hohe Halbstrauch aus der Familie der Heidekrautgewächse kommt gesellig in lichten Laub- und Nadelwäldern, besonders in Gebirgsfichtenwäldern vor, auf nährstoff- und basenarmen sandig-steinigen Lehmböden. Das Wort Heide, welches in dem Namen steckt, kommt von dem germanischen Adjektiv *heidna* – »wild«. Die Beeren wachsen also auf dem wildbewachsenen Land.

An den aufrechten, grünen, scharfkantigen Zweigen stehen wechselständig angeordnet die kurzgestielten ovalen, am Ende zugespitzten Blätter. Die hellgrün rötlichen glockigen Blüten erscheinen einzeln oder paarweise in den Blattachseln. Ab Juli reifen die blauschwarzen, meist hellblau bereiften Beeren.

Die Beeren schmecken nicht nur sehr gut, sondern besitzen auch umfangreiche Heilkräfte. Sie wirken adstringierend auf den Darmtrakt und werden gerne den Kindern bei Durchfall verabreicht. Weiterhin schützen sie die Gefäße und stärken das Sehvermögen. Bei Haut- und Schleimhautleiden wirken sie entzündungshemmend. Trotzdem setzte die Wertschätzung der Heidelbeere als Heilpflanze erst spät ein. Hildegard von Bingen erwähnt zwar in ihrem Werk *Physica* die »Heydelbeere oder Waltbeere«, doch ist die Beere nach ihren medizinischen Anschauungen »den Menschen schädlich, weil sie bei reichlichem Genuß Gift erzeuge«. Im 16. Jahrhundert wendet sich der Heidelberger Apotheker Wirsung in seinem *New Artzneybuch* gegen die Verwendung der Heidelbeere anstelle von »Myrtum«, der Frucht des echten Myrtenstrauches. Hieronymus Bock macht 1539 ebenfalls auf den großen Unterschied zwischen »Myrtillos« und Heidelbeeren aufmerksam, bezeichnet die Heidelbeeren jedoch als wohlschmeckend und sagt, dass sie »mehr nützlich seien zur Speiss denn zur Artzney«.

Als Beere zum Sammeln war die Heidelbeere bei Kindern und Jugendlichen schon immer beliebt. Hierzu sind vielerlei Bräuche überliefert, mit denen die Kinder versuchten, die Angriffe des »Heidelbeermannes« abzuwenden. Es wurden etwa die ersten Beeren in einen hohlen Baum gelegt oder auf einem Stein zerdrückt.

<
Heidelbeere, Hieronymus Bock, Kreuterbuch, 1565

Die Weinrebe

Vitis vinifera

*

Die Rebengewächse gehören zu den ältesten Laubgehölzen auf unserer Erde. In den unteren Kreideschichten Südwesteuropas hat man Blattabdrücke gefunden, die der Gattung Cissus sehr ähnlich sind. Damit wären sie ca. 100 Mio. Jahre alt. Anhand von Traubenkernfunden in tertiären Braunkohlegruben konnten verschiedene Fossilreben beschrieben werden. Eine dieser Fossilreben glich der heimischen Wildrebe so sehr, dass sie als deren Stammform betrachtet werden kann und *Vitis parasylvestris* genannt wird. Am Ende des Tertiärs ist jedoch eine Klimaänderung eingetreten, und durch die darauffolgenden Eiszeiten wurden alle Rebengewächse Mitteleuropas vernichtet. In der nacheiszeitlichen Wärmezeit wanderte die einzige überlebende Rebe Europas, unsere heimische Wildrebe *(Vitis sylvestris)* aus Südfrankreich über das Rhonetal ins Rheingebiet ein. Ebenso wanderte sie aus ihren südosteuropäischen Zufluchtsort entlang der Donau nach Nordwesten. *Vitis sylvestris* ist die einzige Wildrebe, die mit der Kulturrebe näher verwandt ist, das heißt, alle Kultursorten stammen von dieser Wildrebenart ab, die ausschließlich in Europa und Westasien beheimatet ist.

¬ Man findet sie heute nur noch äußerst selten in lichten Auwäldern. Sie ist sehr wärmeliebend und frostempfindlich und liebt frische bis feuchte Böden. Im Gegensatz zur Kulturrebe verträgt sie keine Trockenheit. Im 16. Jahrhundert wurde sie von Hieronymus Bock erstmals beschrieben und von der »zahmen« Rebe unterschieden. Er schreibt, dass sie damals »zwischen Straßburg und Speyer ganz gemein« gewesen sei. Die Wildrebe ist von Natur aus sehr variabel, so dass es in der Vergangenheit eine Vielzahl an Formen gab. In den Auwäldern des Rheins wuchsen riesige alte Reben mit armdicken Stämmen, die bis zu 20 Meter hoch in die

Kronen von Pappeln, Ulmen und Eichen hineinkletterten. 1857 wurden von dem Weinbaupraktiker J. P. Bronner 36 verschiedene Typen der rheinischen Wildreben beschrieben.
Die ersten Kulturreben brachten erst die Römer mit an den Rhein. Der älteste Nachweis, ein Stück Rebholz, stammt aus einer römischen Hafenanlage bei Xanten, um ca. 40–65 n. Chr. Die Kultursorten der Römer, »Elblinge« und »Gänsefüßler«, findet man in Weinbaugebieten noch gelegentlich an Hausmauern. Für den Erwerbsanbau konnten sie jedoch in unserem Klima auf Dauer nicht befriedigen. So hat man sich auf die heimischen Formen der Wildrebe besonnen und die wertvollsten ausgelesen. Auf diese Weise entstanden vor über 500 Jahren die Sorten »Riesling« und der »Traminer«. An der Donau in Österreich wurden aus den dortigen Formen der Wildrebe der »Blaufränkische« und der »Silvaner« gezüchtet. Der »Gutedel« stammt dagegen von einer westasiatischen Form. Er gedeiht in Ägypten bereits seit Jahrtausenden und gelangte durch die Römer nach Europa. Zu verschiedenen Zeiten und an verschiedenen Orten sind so aus der Wildrebe *(Vitis sylvestris)* Kultursorten *(Vitis vinifera)* ausgelesen und entwickelt worden.

III. Blauer Muskateller.

Blauer Muskateller

Weintrauben gehören zu den ältesten Kulturpflanzen der Erde. Bereits vor 5000 Jahren betrieben in Vorderasien im Gebiet des heutigen Irak die Sumerer Weinbau. Von dort hat sich die Weinbaukultur über den gesamten mittleren Osten und durch die Griechen und Römer im gesamten Mittelmeerraum ausgebreitet. Im Verlauf der letzten Jahrtausende sind weltweit vermutlich zwischen 8 000 und 10 000 verschiedene Rebsorten entstanden, von denen heute jedoch nur noch wenige hundert Sorten für den Anbau von Bedeutung sind.
Die Muskatellerreben gehören zu den ältesten Rebsorten und stammen vermutlich aus dem Mittelmeergebiet. Da sie jedoch sehr spät reifend sind, werden sie in unserem Klimagebiet heute nicht mehr angebaut. Früher wurden sie gerne zur Herstellung feiner Dessertweine genommen. Als Tafeltrauben werden sie auch heute noch importiert.

Die Blaue Muskatellertraube bildet eine walzenförmige, dicht besetzte Rispe, deren Beeren sehr dicht zusammengedrängt stehen. Manche Beeren sind sehr groß und drängen die anderen dadurch zurück, wodurch die Beeren insgesamt recht unterschiedlich in der Größe sind. Sie sind mehr länglich als rund, von fast schwarzer Farbe, wirken jedoch durch die helle Beduftung fast hellblau.

Der reichlich enthaltene Saft ist weiß mit schwachem Muskatellergeschmack. Das Mark der Beeren ist weißgrün, darin enthalten sind drei kleine zugespitzte Kerne von schmutzig grüner Farbe. Die Haut ist zwar nicht sehr dick, aber recht zäh.
Das Blatt wird durch zwei Haupteinschnitte in drei Abteilungen aufgeteilt, welche wiederum in sich starke Einschnitte aufweisen. Insgesamt sind die Blätter ungewöhnlich groß und von grüngelber Farbe.

<
Blauer Muskateller, Der teutsche Obstgärtner Bd.19, 1803, Tafel 1

VI. Die graue Cibebe.

GRAUE ZIBEBE

Zibebe ist eine alte Bezeichnung für große Rosinen. Vermutlich wurde diese Rebsorte vorwiegend für die Herstellung von Trockenfrüchten genutzt. Als Rosinen werden Weinbeeren aus französischen Sorten bezeichnet, während die Sultaninen aus der Türkei kommen. Die Beeren der Weintrauben sind der Gesundheit sehr dienlich. Sie enthalten sehr viele Vertreter aus dem Vitamin B-Komplex, darum wirken sie stärkend auf die Nerven und aktivieren das Gehirn. Auch das Vitamin C und der Mineralstoff Magnesium sind reichlich vorhanden. Durch den Farbstoff Antocyan wirken sie durchblutungsfördernd.
Sekundäre Pflanzenstoffe, z.B. die Phenole, aromatische Verbindungen, die den Geschmack bestimmen, haben nach neuesten wissenschaftlichen Erkenntnissen eine schützende Wirkung gegen Herz-Kreislauferkrankungen und sogar Krebs.
Die Graue Zibebe oder Cybebe ist eine sehr alte Rebsorte, die von J.V. Sickler bereits Ende des 18. Jahrhunderts im *Teutschen Obstgärtner* beschrieben wird.

Die Sorte bildet schöne, große, ziemlich lange Rispen, an denen dicht aneinander die ebenfalls großen Beeren sitzen. Diese sitzen an länglichen Stielen und haben eine blaue bis schwarze Haut, die jedoch hell beduftet und etwas dick und zäh ist. Der Saft der Beeren ist leicht trübe, und wenn man die Beeren drückt, wird er leicht rötlich. Das Mark ist hellgrün und etwas derb und von erhaben süßem Geschmack. Die zwei enthaltenen Kerne sind groß, weißgrau und ziemlich gekrümmt. Das Blatt der Rebe hat viele tiefe Einschnitte und ist insgesamt stark gezackt und von gelblich grüner Farbe.

<
Graue Zibebe, Der teutsche Obstgärtner Bd.19, 1803, Tafel 14

Cornus mas.

Cornellen, Zieserlein.

Kornelkirsche

Cornus mas

Die Kornelkirsche, auch Herlitze oder Dirlitze genannt, gehört zur Familie der Hartriegelgewächse. Im östlichen Mittelmeerraum liegt das eigentliche Verbreitungsgebiet der Kornelkirsche. Seit Jahrhunderten wurde sie bei uns eingebürgert, angepflanzt und ist zum Teil aus den Gärten verwildert. Ihr Verbreitungsgebiet endet am Südrand der norddeutschen Tiefebene. Man findet die Kornelkirsche an sonnigen Waldrändern, in lichten Laubwäldern, Trockenbuschgesellschaften und Felshängen. Sie liebt kalkhaltige, trockene und durchlässige Böden.
Der drei bis sechs Meter hohe Großstrauch wächst zwar langsam, kann aber über 100 Jahre alt werden.
Im zeitigen Frühjahr, noch vor dem Laubaustrieb, erscheinen die gelben Blüten in kleinen, länglichen Dolden, welche jeweils zu zweit entlang der Zweige sitzen. Durch die lang anhaltende, auffällige Blüte ist die Kornelkirsche auch ein schönes Ziergehölz. Die Laubblätter sind gegenständig, elliptisch und kräftig grün gefärbt. Im Herbst reifen die bis zwei Zentimeter großen, kräftig rot gefärbten, ovalen Früchte heran, die im vollreifen Zustand säuerlich aromatisch schmecken, ähnlich der Sauerkirsche. Sie enthalten sehr viel Vitamin C sowie Mineralstoffe und sind vielseitig verwendbar.
Aus den Früchten wird Kompott, Saft, Marmelade hergestellt, und sie schmecken süßsauer eingelegt am besten zu Wildgerichten. In Frankreich wird aus den Früchten ein »Vin de cornouille« gekeltert, und in der Türkei werden sie fast reif in Essig und Salz eingelegt und dann wie Oliven gegessen. Die Pflanze ist auch für Heilzwecke nutzbar. Fiebersenkend wirkt die Rinde, die Früchte wirken adstringierend auf den Magen-Darm-Trakt. Das äußerst harte Holz wurde früher für kunstvolle Einlegearbeiten (Intarsien), Holzstiele und Drechselarbeiten verwendet.

Bei den Serbokroaten und anderen Südslawen wurde die Kornelkirsche als Unheil abwendende Schutzpflanze verehrt. Im deutschen Volksglauben spielt sie dagegen keine besondere Rolle.

<
Kornelkirsche, Herbarium Blackwellianum, 1750–1765, Tafel 121

1.

Forma.

Prunus sylueſtris Fuch. Matth. Portæ, Lob. Camerar. ſeu Acacia Germanica Dod.

Locus.

2.

Tempus.

Hungers noht. mögen genieſſen. Der Hunger lehret ga

Schlehe

Prunus spinosa

Die Schlehe gehört zur großen Familie der Rosaceae, der Rosengewächse, zu der auch viele andere Obstgehölze zählen. Der Name Schlehe ist uralt und im ganzen germanischen Sprachgebiet verbreitet. Im Volksmund wird sie auch Schlehdorn, Schwarzdorn oder Hagedorn genannt, was den dornig bewehrten, sperrig wachsenden Strauch mit den kleinen Blättern gut beschreibt. Auch im lateinischen Namen *Prunus spinosa* ist diese Eigenschaft beschrieben, denn *prunus* bedeutet »Pflaumenbaum« und *spinosus* »dornig«. Bereits im März, noch vor dem Blattaustrieb, erscheinen die unzähligen, winzigen, weißen Blüten, wie es im Volksreim beschrieben wird: »In blendend Linnen klar wie Schnee, hüllt sich der schwarze Dorn, der Schleh.« Die kugeligen, blau bereiften Früchte enthalten sehr viele organische Säuren und Gerbstoffe und schmecken entsprechend sauer und herb-bitter. Erst nach dem ersten Herbstfrost sind sie roh genießbar. Wie viele andere Wildobstarten enthält die Schlehe reichlich Vitamin C. Bereits die Bewohner der jungsteinzeitlichen Pfahlbauten haben die Früchte der Schlehe gegessen, was durch zahlreiche Funde von Schlehenkernen bei Grabungen belegt ist. Doch die Schlehe war nicht nur seit Jahrtausenden wichtiges Nahrungsmittel, auch als Heilmittel hatte sie Bedeutung. Hildegard von Bingen beschreibt um 1150 die grünen Dornen und reifen Früchte als wirksam gegen die Gicht. Seit dem Mittelalter werden die Schlehenfrüchte auf Grund ihrer »zusammenziehenden Natur und stopffender Krafft und Würckung« geschätzt und bei Magendrücken, Mundgeschwüren und Seitenstechen angewendet. Auszüge aus Schlehenblüten dienten als blutreinigendes Mittel.

Eine Sage erzählt, dass die Schlehe durch göttliche Gnade nicht vom Blitz getroffen würde, weshalb man bei Gewitter unter ihr sicher sei.

Als erste Frühjahrsblüten schützen die Schlehenblüten vor Krankheiten. Isst man die ersten drei Blüten, die man sieht, so schützt dies ein Jahr lang vor Sodbrennen und Fieber. Bricht man vom blühenden Schlehdorn einen Dorn und reibt damit das Zahnfleisch, so schützt dies vor Zahnschmerzen. Wie alle Dornensträucher wehrt der Schlehdorn auch die Hexen ab. An Walpurgisabend nagelte man die Zweige an die Stalltür oder steckte sie in den Misthaufen.

<
Schlehe, Hieronymus Bock, Kreuterbuch, 1565

Holder.
XXXVI.

Holunder

Sambucus nigra

Der schwarze Holunder ist ein raschwüchsiger Großstrauch aus der Familie der Geißblattgewächse. Schon seit der Jungsteinzeit wächst der nährstoffliebende Strauch als treuer Begleiter des Menschen im Siedlungsumfeld, an Scheunen, Hofeinfahrten und Abfallplätzen. Die robuste Pflanze gedeiht ohne jedes weitere Zutun des Menschen und liefert in fast allen Teilen wertvolle Heilstoffe und genießbare Früchte.

Von unseren Vorfahren wurde der Holunder deshalb als grüner Hüter von Haus und Hof und als Sitz des guten Hausgeistes verehrt – er war der Haus- und Lebensbaum schlechthin. »Vor dem Holunder soll man sich siebenmal verneigen und den Hut ziehen« lautet ein weit verbreiteter Bauernspruch. Man ging davon aus, dass die Zerstörung dieses heiligen Baumes großes Unglück, ja sogar den Tod brachte. Es gab zahlreich Bräuche und Rituale um Krankheiten auf den Holunder zu übertragen. Dabei sprach man z.B. Folgendes: »Zweig ich bieg dich, Fieber nun lass mich, Hollerast heb dich auf, Fieber setze dich drauf, ich hab dich einen Tag, hab du's nun Jahr und Tag.«

Da der Holunder zur Zeit der Sommersonnwende in schönster Blüte steht, gibt es auch hierzu viele Bräuche. Besonders bekannt sind die Holunderküchle. Am Johannistag wurden Blütendolden in Teig getaucht und in Schmalz ausgebacken. Der Genuss der Küchle sollte ein Jahr hindurch vor Krankheiten schützen. Auch volksmedizinisch wurde der Holunder in allen seinen Teilen genutzt, er war die »lebendige Hausapotheke des deutschen Einödbauern«. Schon Hippokrates verwendete Holunderblätter als Wundverband. Die duftenden Blüten wurden getrocknet und als schweißtreibender Tee bei Erkältungen eingesetzt. Die Beeren sind außerordentlich reich an Vitaminen und Mineralstoffen. Sie wirken deshalb aufbauend und erhöhen die Widerstandskräfte. Durch den hohen Gehalt an Vitamin B1 und B6 wirken sie heilend bei verschiedenen Nervenschmerzen, z.B. Migräne. Roh sollten die Beeren nicht gegessen werden, da sie durch das enthaltene Sambunigrin Magenbeschwerden und Erbrechen verursachen können. Sie schmecken jedoch wunderbar, wenn sie zu Saft, Gelee, Likör oder Wein verarbeitet werden, und der Genuss ist dann völlig unbedenklich.

<
Holunder
Leonhart Fuchs, Kreüterbuch, 1543, Tafel 36

Rosen. CCCLXXIIII.

Heckenrose
Rosa canina

Die Heckenrose, ein bis zu 3 Meter hoher Strauch mit bogig überhängenden, stark bestachelten Zweigen gehört zur Familie der Rosengewächse und ist sicherlich die bekannteste unserer heimischen Wildrosen. Der Name Rose ist aus dem lateinischen *rosa* entlehnt, ursprünglich die Bezeichnung für die kultivierten Gartenrosen, welche bereits um 800 n. Chr. im *Capitulare de villis*, einer Anweisung Karls des Großen zur Bewirtschaftung der Hofgüter erwähnt werden. Die Wildrosen wurden damals noch als *hyffa* oder auch *hiefeltra* bezeichnet. Der botanische Beiname *canina* (von lat. *canis* – »Hund«) verdeutlicht, dass der einheimische Strauch als minderwertig gegenüber der edleren Zuchtform betrachtet wurde. Im Juni schmückt sich der Strauch mit blass rosafarbenen, zart duftenden Blüten, und im September mit leuchtend roten Hagebutten, die im Volksmund folgendermaßen beschrieben werden: »A rots Jackl, a schwarz Kappl, a Bauch voll Stein, was mag das sein?«

Als Stachelstrauch schützt die Heckenrose im alten Volksglauben vor Verzauberung und sorgt so für ruhigen Schlaf, weshalb sie auch gelegentlich als »Schlafdorn« bezeichnet wird. Die moosartigen Rosengallen, auch »Schlafäpfel« oder »Schlafkunz« genannt, wurden den Säuglingen unters Kopfkissen gelegt, um das Einschlafen zu erleichtern. In dem Märchen Dornröschen ist uns dieser Volksglauben sehr schön überliefert. Vielerorts gab es den Brauch, an Weihnachten oder Neujahr drei Hagebutten zu essen, zum Schutz vor Krankheiten und Unfällen im kommenden Jahr. Eine Empfehlung aus der Ritterzeit lautet, drei Hagebutten am Tag zur Stärkung zu essen.

< Heckenrose Leonhart Fuchs, Kreüterbuch, 1543, Tafel 374

Neuere wissenschaftliche Untersuchungen haben bestätigt, dass der Genuss von drei Hagebutten den gesamten Tagesbedarf an Vitamin C decken kann. Die Früchte enthalten auch noch andere Vitamine, Carotinoide, Pektine, Gerbstoffe, Fruchtsäuren und Mineralstoffe. Ein Tee aus Fruchtfleisch und Kernen wirkt blutreinigend, harntreibend und allgemein stärkend. Die Früchte lassen sich auch wunderbar zu Marmelade, Likör und Wein verarbeiten. Die berühmteste Heckenrose in Deutschland ist sicherlich der »Tausendjährige Rosenstock«, welcher an der Apsis des Doms zu Hildesheim wächst. Er ist zwar noch keine tausend Jahre alt, wurde aber immerhin bereits im 17. Jahrhundert urkundlich erwähnt.

Sorbus torminalis

1-6. Blüthe
7. Frucht
8. Saame

Vogelbeer-Baum.

Eberesche

Sorbus aucuparia

Die Eberesche gehört zur Familie der Rosengewächse. Der vitale, widerstandsfähige Baum ist anspruchslos und frosthart; er wird bis zu 15 Meter hoch. Als eurosibirische Baumart ist die Eberesche über ganz Europa verbreitet. Der Name bedeutet »falsche Esche«, denn »Eber« kommt von »Aber« im Sinne von »falsch« wie im Wort Aber-glauben. Die unpaarig gefiederten Blätter ähneln denen der Esche, doch gehört diese zu einer anderen Pflanzenfamilie. Im Volksmund wird die Eberesche in vielen Regionen Deutschlands auch Vogelbeere genannt, was sicherlich mit der Beliebtheit ihrer Früchte bei Amseln, Drosseln und Staren in Zusammenhang steht. Sie wurden früher als Lockmittel beim Singvogelfang eingesetzt, was sich auch aus ihrem wissenschaftlichen Beinamen *aucuparia* (von lateinisch *aves*, »Vögel« und *capere* »fangen«) schließen lässt.

In der nordeuropäischen Mythologie nimmt die Eberesche eine überragende Rolle ein, was sicherlich auch mit der Verbreitung des kälteresistenten Baumes zusammenhängt. Ihr wurden zauberabwehrende Kräfte nachgesagt, und sie galt als Schutzbaum gegen Blitzeinschläge, Hexen und Drachen. Die keltischen Druiden stellten ihren Zauberstab aus Ebereschenholz her. Opfer- und Gerichtsplätze umpflanzten sie mit Ebereschen, weil sie glaubten, die Kraft der Bäume könne Fluch und Unglück fernhalten. Bei den Germanen galt die Eberesche als Glücksbringer und war dem Gewittergott Donar geweiht. Einer Sage nach soll sich Thor aus einem reißenden Fluss gerettet haben, indem er ein Ebereschenbäumchen zu fassen bekam.

Der Baum blüht von Mai bis Juni in cremeweißen Trugdolden und verbreitet dabei einen unangenehmen Geruch. Die Beeren sind eigentlich Miniaturäpfelchen, die von Spätsommer bis Herbst gesammelt werden können. Lange Zeit wurden die Früchte als giftig angesehen. Beim Verzehr von rohen Beeren können auch tatsächlich Magenbeschwerden auftreten. Nach der Verarbeitung zu Gelee, Likör oder Saft sind sie jedoch bekömmlich, da die enthaltene Parasorbinsäure durch Kochen zerstört wird. Wer sich an dem etwas bitteren Geschmack stört, sollte sich die »Mährische Eberesche« in den Garten pflanzen. Diese Varietät mit erheblich weniger Bitterstoffen ist durch eine Laune der Natur entstanden und wurde 1810 im Altvatergebirge in Tschechien gefunden.

<
Eberesche,
Herbarium
Blackwellianum,
1750–1765,
Tafel 173

Sorbus sativa

1. Blüthe
2. Frücht

Speyerling.

Speierling

Sorbus domestica

–

Der Speierling, einer der seltensten und zugleich schönsten Bäume Deutschlands war früher ein wichtiges Obstgehölz und traditioneller Dorf- und Hofbaum. Dies wird auch in seinem botanischen Beinamen *domestica* deutlich, was soviel heißt wie »heimisch, zum Haus gehörend«. Zahlreiche alte Volksnamen erinnern noch an seinen früheren Bekanntheitsgrad, z. B. Sperberbaum, Spierbaum oder Schmerbirne. Der Speierling hat sein Hauptverbreitungsgebiet in den nördlichen Mittelmeerländern und auf dem Balkan. In Deutschland ist er vor allem in Weinbaugebieten verbreitet. Da er seit über tausend Jahren kultiviert wird, lässt sich sein ursprüngliches Verbreitungsgebiet nicht mehr klar abgrenzen. Den Wärme liebenden, lichtbedürftigen Baum findet man in Eichenmischwäldern, Feldhecken und Trockengebüschen.

Er gehört zur Familie der Rosengewächse und zur selben Gattung wie die Eberesche. Der Baum wird bis zu 15 m hoch und bildet eine breit ausladende Krone. Die Blätter sind unpaarig gefiedert und von denen der Eberesche kaum zu unterscheiden. Der Hauptstamm ist meist sehr kurz und gelegentlich schraubig gedreht, mit kleinschuppiger, flachrissiger Borke.

Nach dem Laubaustrieb im Mai erscheinen die weißen Blüten in rispigen Trugdolden. Die Früchte sind je nach Typ apfel- oder birnförmig, zwei bis drei Zentimeter groß, grün bis gelb-bräunlich, auf der Sonnenseite gerötet. Das Fruchtfleisch ist zunächst sehr hart, enthält viele Steinzellen und wird erst im teigigen Zustand, nach den ersten Nachtfrösten, genießbar.

Besondere Bedeutung kam den Früchten bei der Veredlung von Apfelwein zu. Das Zusetzen von bis zu 5 % Speierlingssaft verlängert die Haltbarkeit des Mostes, fördert die Klärung und gibt ihm ein unverwechselbares Aroma. Der bekannte Pomologe Christ schrieb 1797: »Man hat entdeckt, dass die Früchte einen vortrefflichen Wein geben, …« Aus den Früchten lässt sich auch ein sehr guter Branntwein herstellen, Sorbette genannt, welcher ein herrliches Aroma hat und bei Kennern sehr begehrt ist.

<
Speierling, Herbarium Blackwellianum, 1750–1765, Tafel 174

154.
Mespilus
1–8. Blüthe
9–12. Frucht
13.14. Kerne
Mespel-Baum.

Mispel

Mespilus germanica

Die Mispel ist eine alte Kulturpflanze, die bereits vor dreitausend Jahren im Gebiet des Kaspischen Meeres kultiviert wurde. Sie gehört zur Familie der Rosengewächse und ist in Südeuropa und Westasien beheimatet. In der Römerzeit wurde sie in Südwestdeutschland eingeführt und im Mittelalter häufig als Obstgehölz kultiviert. Verwilderte Exemplare findet man im Umfeld von Siedlungen, in lichten Laubmischwäldern und Hecken.

Der wenig verzweigte baumartige Strauch wird zwei bis drei Meter hoch und bis zu fünf Meter breit. Die ursprüngliche Wildform hatte Dornen. Im Mai oder Juni, nach dem Laubaustrieb, erscheinen die 4–5 cm breiten, weißen Blüten einzeln an den Zweigenden. Die apfelähnlichen Scheinfrüchte sind rotbraun, etwas behaart, und die vertiefte Scheitelpartie wird von einem Kranz aus fünf laubblattartig abstehenden, dreieckigen Kelchzipfeln gekrönt.

Das Fruchtfleisch ist zunächst steinhart, wird aber nach Frosteinwirkung oder längerem Liegenlassen teigig weich und essbar. Es schmeckt süß-säuerlich, würzig bis herb und enthält reichlich Pektine und Gerbstoffe. Die Früchte wurden früher dem Most beigegeben, um die Haltbarkeit und den Geschmack zu verbessern. Auf Grund des hohen Pektingehalts können sie auch gut zu Marmelade oder Gelee verarbeitet werden.
Auch in der Volksmedizin wurde die Mispel genutzt. Das Fruchtfleisch wirkt adstringierend und wurde innerlich bei Durchfall und äußerlich bei entzündeter Haut angewandt. Die frischen Blätter helfen bei Zahnfleischbeschwerden, sowie Entzündungen der Schleimhaut im Mund- und Halsbereich.
Hieronymus Bock beschreibt in seinem Kräuterbuch aus dem 16. Jahrhundert die Kraft und Würckung folgendermaßen: »Mespel, Sperwel, Aressel, werde gebraucht, den flüssigen Bauch zu stopfen. Die dürren Mespelbletter zu Pulver gestossen und mit Gurgelwasser gedruncke, wehren dem Blutspeyen.«

<
Mispel, Herbarium Blackwellianum, 1750–1765, Tafel 154

Peiſſelbeer. CCCVI.

Berberitze

Berberis vulgaris

–

Die Berberitze ist ein in Mittel- und Südeuropa weit verbreiteter Strauch aus der Familie der Sauerdorngewächse. An sonnigen Waldrändern, Hecken und Büschen wächst der Wärme liebende, hitzeverträgliche Strauch besonders gern.

Er wird ein bis drei Meter hoch, wächst straff aufrecht, später bogig überhängend. An den Zweigen befinden sich dreiteilige Dornen. Die frisch grünen Blätter sind verkehrt eiförmig und stehen in Büscheln an den Kurztrieben. Ab Mai, nach dem Laubaustrieb, erscheinen die kleinen, gelben Blüten in Hängenden Trauben.

Im September werden die länglichen, auffällig orange-roten bis dunkelroten Beeren reif. Sie schmecken recht sauer, was sich auch in den volkstümlichen Namen widerspiegelt, z.B. Essigdorn oder Sauerach. Die Beeren enthalten viel Vitamin C sowie Mineralstoffe und lassen sich gut zu Saft, Gelee oder Marmelade verarbeiten.

In der Literatur wird die Berberitze erst spät erwähnt. Aus den überaus zahlreichen Volksnamen lässt sich jedoch schließen, dass die Berberitze in vielen Teilen Deutschlands bekannt war. Hildegard von Bingen beschreibt den Strauch unter dem Namen »Gelboum«, was sich vermutlich auf die gelbe Farbe des Holzes und der Wurzel bezieht. Der gelbe Farbstoff wurde früher zum Färben von Wolle verwendet. Aus dem nachmittelalterlichen »Peisselbeer« sind wiederum zahlreiche Volksnamen hervorgegangen. Die Bezeichnung »Weinnägelein«, »Weinscherling« oder »Weinschierling« hängen mit der Weinbereitung aus den Früchten zusammen.

Im Volksglauben dient die Berberitze als Dornenstrauch zu verschiedenen Schutzzwecken. Die dornigen Triebe müssen in der Karfreitagnacht zwischen elf und zwölf geschnitten werden, wobei bei jedem Schnitt die heiligste Dreifaltigkeit angerufen werden muss. Wer stets einen solchen Zweig bei sich trägt, wird nie im Leben von Dornen gestochen, noch weniger kann ihm ein Dorn im Fleisch haften bleiben. Wo ferner ein solcher Zweig unter Anrufung der drei höchsten Namen irgendwo im Haus oder Stall eingesteckt wird, kann nie ein böser Zauber wirken.

<
Berberitze
Leonhart Fuchs,
Kreüterbuch, 1543,
Tafel 306

B. XXI. Taf. 20.

I. Die Elsebeere.

Elsbeere

Sorbus torminalis

–

Die Wärme liebende Elsbeere kommt bei uns vereinzelt in Eichenmischwäldern oder Flaumeichengebüschen vor. Sie gehört wie die Eberesche und der Speierling zur Gattung Sorbus in der Familie der Rosengewächse. Im Volksmund wird sie auch Darmbeer, Arlsbeer, Elritzen und Eschrösel genannt.

Mit einer Höhe von sechs bis neun Metern gehört die langsamwüchsige Elsbeere zu den Kleinbäumen oder auch Großsträuchern. Die wechselständigen Blätter sind spitz gelappt, auf der Oberseite glänzend dunkelgrün und etwas ledrig, auf der Unterseite hell blaugrün und anfangs locker filzig behaart. Sie erinnern an Ahornblätter.

Im Herbst bietet der Baum einen herrlichen Anblick durch seine prachtvolle Herbstfärbung, welche von gelb über kupfer-orange bis rot reicht. Gleichzeitig mit dem Laubaustrieb erscheinen die zahlreichen reinweißen, in Trugdolden stehenden Blüten. Sie sehen fast wie kleine Birnenblüten aus.
Im September oder Oktober reifen die fünf bis fünfzehn Zentimeter langen, walzenförmigen Früchte heran, welche am Kelch platt abgerundet und am Stiel eirund sind. Die Schale ist zunächst gelbrot, bei Vollreife braungelb bis lederbraun mit weißen Punkten. Im überreifen Zustand werden sie teigig und sind dann genießbar. Man nutzte sie früher als Heilmittel gegen Durchfall und Ruhr, worauf auch ihr Artname *torminalis* (lateinisch *tormina* – Ruhr) hinweist. Johann Caspar Schiller erwähnt in seinem Buch *Die Baumzucht im Großen*, dass von den Elsbeeren ein guter Branntwein gemacht werde. Besonders wertvoll ist der Elsbeerbaum aufgrund seines harten, schweren, rötlich-gelben Holzes, welches zu den teuersten Hölzern überhaupt gehört. Es wurde früher gerne für Tischler- und Drechslerarbeiten verwendet.

Weil die Elsbeere um die Walpurgisnacht herum blüht, schrieb man ihr magische Kräfte zu: Kränze aus blühenden Elsbeerzweigen und anderen Kräutern, die man um diese Zeit band und dem Vieh umhängte, sollten Hexen abwehren, ebenso Elsbeerzweige über der Stalltür. Zum Schutz gegen Hexen trug man auch ein Stück des Holzes bei sich, das am Martinstag (11. November) geschnitten worden war.

<
Elsbeere,
Der teutsche Obstgärtner Bd.21, 1804, Tafel 20

Oxycoccos Offic.

1.2. Blüte
3.4. Frücht
5. Saame

Moos Beere.

Moosbeere

Vaccinium oxycoccos

–

Die Moosbeere ist ein kleiner, immergrüner, kriechender Halbstrauch aus der Familie der Heidekrautgewächse. Als typischer Bewohner von Hoch- und Zwischenmooren wächst sie auf den Bulten und Torfmoospolstern in Gemeinschaft mit dem Sonnentau und der Rosmarinheide.

An den langen, dünnen, verholzten Stängeln wachsen wechselständig angeordnet kleine, ovale Laubblätter. Diese sind ledrig, derb, auf der Oberseite dunkelgrün glänzend und auf der Unterseite wachsartig blaugrün bereift.

Von Mai bis Juni erscheinen die langgestielten, rosafarbenen Blüten, mit vier zurückgeschlagenen lanzettlichen Blütenblättern und acht bis zehn Staubblättern.
Die kugeligen, roten, zuweilen etwas braun gesprenkelten Beeren reifen von August bis November. Ihr säuerlicher Geschmack hat der Pflanze ihren Namen gegeben, denn *oxys* ist griechisch und bedeutet sauer, *kokkos* heißt Beere. Neben organischen Säuren enthalten die Beeren auch Pektine und sehr viel Vitamin C, weshalb die Früchte früher zur Behandlung von Skorbut verwendet wurden. In Nord- und Osteuropa, wo die Moosbeere häufig vorkommt, wird aus den Beeren Saft bereitet und in Sibirien macht man daraus ein leicht alkoholisches Getränk namens *Kwass*.

<
Moosbeere,
Herbarium
Blackwellianum,
1750–1765,
Tafel 593

Schwarze Maulbeere

Morus nigra

Die Heimat des Schwarzen Maulbeerbaums liegt in Vorderasien. Im Mittelmeerraum werden die Bäume schon sehr lange kultiviert. Bei uns in Deutschland findet man sie teilweise noch in Weinbaugebieten, wo sie seit dem 16. Jahrhundert vorwiegend in den Klostergärten als Obstgehölz angebaut wurden. Der etwas frosthärtere »Weiße Maulbeerbaum« wurde bei uns in Europa im 18. Jahrhundert häufig angepflanzt, da man seine Blätter zur Fütterung der Raupen in der Seidenraupenzucht benötigte. Zu diesem Zweck schnitt man im Frühjahr die jungen Ruten ab, um die Raupen an einem warmen Ort damit zu füttern, es entstanden Bäume mit einer typischen Form, wie man sie von der Kopfweide kennt. Als Fruchtgehölz ist der Baum jedoch nicht so interessant.

Der Schwarze Maulbeerbaum wird bis zu fünfzehn Meter hoch und bildet eine schöne breite Krone. Er kann bis zu hundert Jahre alt werden. Da der Baum jedoch sehr holzfrostempfindlich ist, kann er bei uns nur im Weinbauklima an geschützten Orten gepflanzt werden. Die herzförmigen, leicht gelappten Blätter sind oberseits glänzend dunkelgrün und sehr rau behaart. Auf der Unterseite sind sie heller blaugrün und behaart.

In der Form der Früchte ähnelt die Maulbeere der Brombeere. Die Beeren sind bis zu drei Zentimeter lang, schwarz gefärbt und schmecken angenehm süßsäuerlich. Man kann daraus Marmelade, Sirup, Wein, Likör oder Essig bereiten. Auch zum Färben von Wein wurden sie genutzt. Für medizinische Zwecke wurden die Wurzel und die Beeren verwendet. Im Blackwellschen Kräuterbuch werden folgende Wirkungen beschrieben: »Die Rinde der Wurzel soll wärmen und trocknen, die Verstopfung der Leber und Milz heben, und wider die Gelbsucht helfen. Die unreifen Früchte verstopfen und trocknen, sind gut in allerhand Art von Flüssen und Entzündungen des Mundes und des Halses. Die reifen Früchte sind kühlend, dämpfen die Hitze in hitzigen Fiebern, und machen Appetit.«

<
Schwarze Maulbeere
Hieronymus Bock,
Kreuterbuch, 1565

Rezepte

*

francken Wurtzeln der Bäum/ so Wurmeßig seind. Alle g
hen/ befehlen ...

Gebackene Äpfel | Die Äpfel werden geschält, in der Mitte entzwei geschnitten und die Kerne heraus gethan, dann mit Kirschengeist bestrichen und mit Mehl bestreut, nachher in Schmalz gebacken. Es wird eine Hägensauce oder andere Weinsauce darüber angerichtet, doch muß man die Äpfel kurze Zeit vor dem Anrichten in die Sauce thun, damit sie süß kochen. Fleiner- oder Luitgenäpfel sind hierzu am besten.

Gefüllte und gebratene Äpfel, delikat | Man nimmt harte Äpfel, daß sie nicht entzwei gehen, oben wird ein Deckel abgeschnitten und augehöhlt, so viel man kann, dann kann man sie mit Zucker, Zimmet und Zibeben füllen, oder eine gerührte Fülle wie zur Mandeltorte darein füllen, oder ein rechtes Äpfelmuß kochen, mit Rosinen, Zibeben, Zucker und Zimmet, länglicht geschnittenen Mandeln, ein paar Eyerdotter und Rosenwasser, oder unter das Äpfelmuß geriebene Chokolade, gestossene Mandeln, Zucker und Citronenschalen klein gehackt, oder man füllt etwas Eingemachtes; z. E. Kirschen, Himbeere, Pomeranzen u. dgl. darein, dann deckt man den Deckel darauf, streichs mit Eyern, streue es mit Zucker und back's mit Schmalz, oder mache einen Taig von Mehl, Wein, Rosenwasser, Zucker und Zimmet, tauche die Äpfel darein, und back's langsam schön gelb mit Schmalz.

Äpfel im Buttertaig | Man schält recht gute Äpfel, schneidet einen Deckel ab, und thut die Kerne heraus, füllt gehackte Mandel, Zucker, Zimmet, Rosinen und Zibeben darein, legt den Deckel darauf, schneidet 2 Finger breite Streifen von Buttertaig, bestreicht sie mit Eyer, legt 2 übers Kreuz, stellt die Äpfel darauf und drückt die 4 Streifen oben zusammen, sezt sie auf ein Blech, streicht sie mit Eyer an und streut Zucker und Zimmet darauf, und backt's im Ofen.

<
Apfelbaum,
Hieronymus Bock,
Kräuterbuch, 1565

Compôte (Compot) von Äpfeln | Hierzu sind die Borsdorfer die besten, nach diesen die Fleiner, nach den Fleinern die Pommes d'Apis (Pomm d'Api) auch die Carvils rouges (Carwil rusch), außer diesen kann jede andere Art genommen werden.

Handbuch für Frauenzimmer, 1834

LXXI. Taf. 7

CVIII Der leberrothe Himbeer-Apfel.

Tauben mit Borsdorfer-Äpfeln | Man schneidet die gereinigten Tauben in 4–6 Theile und dämpft sie in halb Wasser und Wein mit geschälten, klein geschnittenen Borsdorfer-Äpfeln, Rosinen und Zucker ganz langsam weich. Man macht die Brühe zulezt mit etwas geriebenem Brod oder geröstetem Mehl dicklicht und bestreut das Gericht beim Anrichten mit Zimmt. Oberrheinisches Kochbuch, Mühlhausen 1811

Gefüllte Flädlein mit Äpfeln | Die Äpfel werden gekocht wie zu einem Äpfelmuß; alsdann die gebackenen Flädlein damit überstrichen, solche drei Finger breit überschlagen, eine Schüssel mit einem Ranft mit etwas Butter bestrichen, die Fädlein eines an das andere gelegt, etliche Eyer mit einer guten süssen Milch verrührt, mit etwas Zucker und Zimmet über die Flädlein gegossen, mit dem Messer ein wenig aufgelupft, daß sie nicht so fest aufliegen, und aufgezogen.
Die gelehrige Hauswirthin, Reutlingen 1815

<
Himbeer-Apfel,
Der teutsche Obstgärtner Bd.21, 1804, Tafel 7

XXI. Die Catillac-Birn

Muskateller-Birnen einzumachen | Man schält kleine Muskateller-Birnen, welche aber noch etwas hart seyn müssen, sauber ab, und kocht sie mit sammt den Stielen in Regenwasser, bis sie weich sind; dann nimmt man sie mit dem Schaumlöffel behutsam heraus, legt sie auf eine Serviette, so daß jede für sich allein liegt, deckt sie mit einer Serviette zu und läßt sie kalt werden. Nun wiegt man zu 1 Pfund Birnen ein Pfund Zucker ab, läutert ihn mit ½ Schoppen Wasser, thut ganzen Zimmt und Gewürznelken darein, steckt in jede Birne eine Gewürznelke, daß es einem Butzen ähnlich sieht, koch dann die Birnen in dem Zucker auf und läßt sie über Nacht stehen. Dan andern Tag kocht man die Birnen nur ¼ Stunde mit, hebt sie mit dem Schaumlöffel heraus, läßt den Syrup noch allein kochen und gibt ihn dann kochend heiß über die Birnen. Wenn den dritten Tag der Syrup noch nicht dick genug ist, so kocht man ihn noch einmal ein, und bewahrt sie dann wie gewöhnlich auf.

Die vollkommene Köchin, Stuttgart 1844

Birnen-Schnitze | Man schält die Birnen ab, schneidet sie zu Schnitzen, thut die Butzen und die Kernhäuser heraus und sezt sie mit kaltem Wasser zu; wenn sie weich sind, wird in einem Stückchen ein Kochlöffel voll Mehl schön hellbraun geröstet, mit der Schnitzbrühe abgelöscht und nebst einem Gläschen Wein, Zimmt, Citronenschale, und, wenn die Birnen nicht süß genug sind, ein wenig Zucker daran gethan und noch eine Zeitlang mitgekocht. Man richtet die Birnen mit der Sauce auf einer Platte an und gibt Schwemm- oder Schweden-Klöße, Bettelmann oder dergl. dazu. Wein- oder Zuckerbirnen sind am besten hierzu.

Die vollkommene Köchin, Stuttgart 1844

Birnen-Klöße | Man schält gute Königsbirnen, schneidet das Gute davon ab und hackt es klein; röstet dann geriebenes Brod im Schmalz schön braun und läßt es kalt werden; hierauf rührt man es nebst so viel geschälten, gestoßenen Mandeln, als man Birnen hat, darunter, thut 1–2 Eier und etwas Zucker daran und vermengt alles gut mit einander; wenn es sich formen läßt, nimmt man Mehl auf ein Brett und auch ein wenig in die Hände, formirt dann von dieser Masse Klößchen, backt sie im Schmalz und gibt eine süße Sauçe dazu.

Oberrheinisches Kochbuch, Mühlhausen 1811

<
Catillac-Birne, Der teutsche Obstgärtner Bd.4, 1795, Tafel 2

B. XXI. Taf. 24.

XLVI. Die Perl-Herzkirsche.

Kirschensuppe von frischen Kirschen | Nimm aus 2 Pf. Kirschen die Steine, röste einen kleinen Löffel voll Mehl in einem Stücklein Butter gelb, thue die ausgesteinte Kirschen darein, und verdämpfe sie wohl. Haben die Kirschen nicht viel Fleisch, so dürfen sie auch mit den Steinen genommen werden. Man gießt auch herauf zur Hälfte Wasser und zur Hälfte Wein daran, thut eine halbe abgeriebene Citrone, etwas gestoßenen Zimmet, 3 gestoßene Negelein und soviel Zucker dazu, als man's süß haben will. Die Weißbrod- oder Weckenschnitten werden im Schmalz gebacken, oder auf dem Rost geröstet, und die gekochten Kirschen darüber angerichtet.

Die gelehrige Hauswirthin, Reutlingen 1815

Kirschen und Erdbeeren konservieren | Man nimmt Schatten- oder Herz-Kirschen, schneidet die Stengel halb davon ab, nimmt ein Glas, bestreut den Boden desselben mit einer Lage Zucker, dann eine Lage Kirschen, dann wieder eine Lage Zucker und fährt damit fort bis das Glas voll ist, bindet es mit einem Stück Leinwand und darüber einer Blase fest zu, bewickelt es mit Stroh, setzt es in kaltem Wasser zu Feuer und läßt es eine Stunde, den zweiten Tag zwei Stunden und den dritten Tag drei Stunden kochen.

Man nimmt hierzu Ananas-Erdbeeren und verfährt wie bei den Kirschen angegeben ist, läßt sie nur eine Viertelstunde kochen. Auch halten sie sich besonders in blechernen Büchschen, die gleich nachdem sie mit Zucker eingepackt sind, zugelöthet werden und dann reichlich eine Viertelstunde kochen müssen.

Kochbuch für alle Stände, Oldenburg 1853

<
Perl-Herzkirsche, Der teutsche Obstgärtner Bd.21, 1804, Tafel 24

B. IV. Taf. 11.

III. Die türkische Zwetsche.

Zwetschgen mit Zucker zu trocknen | Man nimmt schöne und reife Zwetschgen und steint sie aus, dann läutert man zu 200 Stück Zwetschgen 3 Pfund Zucker wie gewöhnlich; wenn er gut geläutert ist, thut man die Zwetschgen hinein, läßt sie etlichemal aufkochen, schäumt sie ab und thut sie dann in eine Schüssel, wo man sie über Nacht stehen läßt; den andern Tag gießt man sie in einen Durchschlag, daß der Saft gut davon ablauft; thut diesen dann wieder über das Feuer und die Zwetschgen wieder in die Schüssel; wenn der Saft ½ Viertelstunde gekocht hat, gießt man ihn wieder drüber. Den folgenden Tag verfährt man auf die gleiche Art damit und läßt ihn wieder über Nacht stehen. Alsdann gießt man sie in den Durchschlag, und wie sie gut abgelaufen sind, legt man sie formirt auf Glas, Zinn oder Blech, in eine trockene Kammer oder beim warmen Ofen zum Abtrocknen. Wenn sie trocken sind, bewahrt man sie in Zuckergläsern wohl zugebunden auf. Der Rest des Zuckers kann sehr gut zu den Essigzwetschgen gebraucht werden.

Die vollkommene Köchin, Stuttgart 1844

Prunellen zu machen | Schoene saftreiche Zwetschgen werden mit kochendem Wasser begossen, damit die Haut sich loese, die dann moeglichst schnell abgezogen wird. Die so abgezogenen Zwetschgen legt man auf Papier 24 Stunden in einen Backofen bei gelinder Waerme. Darauf loest man die Steine aus und setzt die Zwetschgen wiederum bis zum dritten Tage in den Ofen. Wenn sie dann ziemlich getrocknet sind, drueckt man je zwei und zwei aufeinander, laesst sie noch nachtrocknen und ablueften; darauf aber werden sie mit Walnussblaettern in eine kleine Kiste fest verpackt.

Die Prünellen werden gewaschen und mit 12 Loth Zucker aufs Pfund, nebst Zimmt, Citronenschale, einem Glas Wein und etwas weniger Wasser langsam gekocht; man thut dann noch den Saft von 1 Citrone dazu und richtet sie, wenn sie weich sind, auf die Assiette an.

<
Türkische Zwetsche, Der teutsche Obstgärtner Bd.21, 1804, Tafel 20

Prunus Damascena. { 1–3. Blüthe
4. Frücht
5. Nüß
6. Kern }

Kleine Pflaumen
Kriechen.

Pflaumen in rothem Wein aufzubewahren | Man nimmt hiezu große, gut abgewaschene Pflaumen, die aber nicht überreif seyn dürfen, und legt sie, wenn man sie gut und rein vom Baum bekommt, in ein Zuckerglas. Zu 1 Schoppen guten Essig und 1 Schoppen rothen Wein nimmt man ein Pfund Zucker, 1 Loth Zimmt und 1 Loth Nelken und kocht alles mit einander unter fleißigem Abschäumen recht klar, dann legt man die Pflaumen darein und läßt sie darin erkalten; alsdann füllt man sie wieder in das Glas. Nach 2 Tagen gießt man die Flüssigkeit wieder ab, kocht sie noch einmal auf und gießt sie dann wieder über die Pflaumen. Wenn sie kalt geworden sind, verbindet man die Gläser mit einer Blase. Auf diese Art eingemacht, werden sie weder kraus noch weich. Sollte der Essig nicht recht gut seyn, so muß man ½ Pfund Zucker mehr nehmen.

Die vollkommene Köchin, Stuttgart 1844

Reineclauden in Franzbranntwein | Man pflückt die nicht ganz reifen Reineclauden vom Baume mit einem etwas langem Stiel, läßt sie in heißem Wasser ein paarmal aufkochen, wodurch sie ihre schöne grüne Farbe behalten, schreckt sie in kaltem Wasser ab und läßt sie auf einem Haarsieb trocken ablaufen. Dann nimmt man zu 1 Pfund Reineclauden ¾ Pfund feinen Zucker, läutert ihn mit etwas Wasser zu einem perlenden Syrup, läßt ihn sodann verkühlen, gießt ihn an die Reineclauden und läßt sie 24 Stunden stehen. Nach dieser Zeit gießt man den Saft ab, nimmt etwas Zucker dazu, kocht ihn klar und gießt ihn dann wieder, aber ja nicht heiß, an die Früchte und verfährt so dreimal mit der größten Vorsicht damit. Zuletzt kocht man den Syrup noch mit ¼ Schoppen Franzbranntwein klar und fest ein, gießt ihn, wenn er abgekühlt ist, über die in Zuckergläsern eingelegten Reineclauden, daß er darüber steht, läßt ihn kalt werden und überbindet sodann die Gläser mit Blasen.

<
Kleine Pflaumen, Herbarium Blackwellianum, 1750–1765, Tafel 365

B. XXI.
Taf. 5.
XII. Die Venus-Brust.

Pfirsich-Pasten | Die Pfirsiche werden geschält und wie zu einer Compote eingekocht; wenn sie weich sind, verrührt und durch ein Haarsieb gerieben. Dann nimmt man auf 1 Pfund des Durchgetriebenen 1 1/4 Pfund Zucker, kocht ihn zum Caramel, thut sodann die Pfirsiche unter stetem Umrühren darein, bis sich die Masse von der Casserolle löst und wie ein fester Taig ist; alsdann gießt man sie in kleine, mit Rosenwasser ausgeschwenkte Formen und läßt sie erkalten. Hierauf belegt man ein Blech mit Papier, bestreut es dick mit fein gestoßenem Zucker, legt die, aus den Formen gehobene, Pasten darauf und läßt sie in einem nicht zu heißen Ofen gut austrocknen.

Die vollkommene Köchin, Stuttgart 1844

<
Venus-Brust,
Der teutsche
Obstgärtner Bd.21,
1804, Tafel 5

Amygdalus.

1–6. Blüthe.
7. Frucht.
8. Stein.
9. Kern.

Mandel-Baum.

gekochte Mandelmilch | Man stoßt ½ Pfund abgezogene Mandeln fein, thut sie mit Rahm, Milch und Zucker in eine Casserolle, sezt Zimmt, abgeriebene Citronenschale, ein wenig Orangenblüthen-Wasser und etwas in Milch eingeweichte Semmelkrummen zu und läßt alles zusammen kochen. Dann gießt man es warm durch ein leinenes Tuch in eine Schüssel, und läßt sie erkalten.

Die vollkommene Köchin, Stuttgart 1844

Mandelade | ¼ Pfund Mandeln reibt man mit einem Tuche ab, röstet sie wie den Caffee, nur etwas heller, stößt sie dann fein, macht ½ Maas Milch mit Zucker und Zimmt siedend, nimmt die gestoßenen Mandeln dazu, läßt es eine Zeit lang zusammen kochen, presst es dann durch ein Tuch, verrührt 5 Eigelb stark, macht das Durchgepreßte wieder siedend, zieht es mit den Eyern an und verspreigelt es wie die Chocolade. Man stellt geröstete Wecken oder Milchbrod dazu auf.

Die gelehrige Hauswirthin, Reutlingen 1815

Catchup von Welsch-Nüssen | Man nimmt 100 Stück große Nüsse, die noch grün sind und kein Holz haben, schneidet sie in Stücke, durchschneidet ¼ Pfund Chalottenzwiebeln, stoßt beides zusammen in einem steinernen Mörser, thut es in irdenes Geschirr, ½ Pfund Salz, ½ Schoppen Wein und 1 Schoppen Weinessig daran und läßt es eine Woche stehen, rührt es aber alle Tage einmal um. (Will man ganze Nüsse dazu nehmen, so legt man solche mit in die Beitze.) Nach 8 Tagen gießt man es in einen Flanellsack und preßt den Saft recht aus; zu dem Saft nimmt man dann ¼ Pfund Sardellen, etwas Pfeffer und Nelken, ein Stückchen Knoblauch und läßt es mit einander kochen, bis sich die Sardellen aufgelöst haben; dann seihet man es wieder durch den gereinigten Flanellsack und füllt es in Bouteillen. Es ist sehr gut in Ragout und Saucen. Die ganzen Nüsse werden herausgenommen, wenn man die Beize kocht, und wieder darein gelegt, sobald es kalt ist. Sie sind sehr gut bei Braten zu essen; doch müssen sie wenigstens ½ Jahr stehen, ehe sie gut zu essen sind. Wenn man ganze Nüsse dabei hat, so hebt man sie, anstatt in Bouteillen, in Zuckergläsern auf.

Die vollkommene Köchin, Stuttgart 1844

<
Mandel, Herbarium Blackwellianum, 1750–1765, Tafel 105

Brombeer. LXXXIII.

m 4

Bisquit-Torte, warme | Es werden zu ½ Pfund gesiebten Zucker 10 Eier abgezogen, das Weiße zu einem Schnee geschlagen und das Gelbe in eine Schüssel gethan. Ist der Schnee steif, so werden die Eidotter und der Zucker eingerührt und auf einem Kohlefeuer so lange geschlagen, bis die Masse, wenn man sie vom Besen laufen läßt, steht; hernach wird es vom Feuer gethan und kalt geschlagen, ½ Pfund Stärkemehl eingerührt, in die wie gewöhnlich bestrichene und betreute Formen gefüllt und in einem heißen Ofen gebacken.

Bisquit mit Johannis- und Himbeeren | Diese wird wie eine gewöhnliche Bisquit gemacht, nur daß, ehe das Stärkmehl hineinkommt, ½ Pfund eingemachte Himbeere oder Johannisbeere, von denen man aber den Saft recht ablaufen lassen muß, darein gerührt werden.

Die vollkommene Köchin, Stuttgart 1844

Brombeerlikör | 500 g Brombeeren, 250 g Zucker, 1 Liter Weinbrand, Korn oder Wodka. Zubereitung: Die Früchte waschen, den Zucker unter die Früchte mischen, beides in ein verschließbares Glas (2 Liter) geben und mit dem Alkohol übergießen. Verschließen und kräftig schütteln. An einem warmen Ort ziehen lassen. Nicht öffnen, aber gelegentlich schütteln. Nach etwa sechs Wochen die Flüssigkeit filtern (z. B. mit einem Kaffeefilter) und in Flaschen füllen.

Moosbeerengelee | 600 g Moosbeeren, 900 ml Wasser, 1 kg Zucker
Die Beeren mit dem Wasser in einen schweren Topf geben. Bei hoher Temperatur einmal aufkochen und dann auf niedriger Stufe 10–15 Minuten köcheln lassen, bis die Beeren weich sind: Einen großen Durchschlag mit einem einmal gefalteten Mulltuch auslegen und in einen großen Topf einhängen. Die Beeren mit dem Wasser hineingeben und 10–12 Stunden abtropfen lassen, ohne sie jedoch zu drücken. Den Zucker zum Beerensaft geben und alles bei mittlerer bis hoher Temperatur 15–20 Minuten kochen. In sterilisierte Gläser füllen und gut verschließen

<
Brombeere
Leonhart Fuchs,
Kreüterbuch, 1543
Tafel 83

Morus nigra vulgaris.

1. 2. mänliche Blüthe.
3. weibliche Blüthe.
4. 5. Frucht.
6. Saame.

Maulbeer Baum.

Maulbeer-Fruchtmus | 1 kg Früchte pürieren, mit 200 g Zucker und dem Saft einer Zitrone mischen, bis zum Siedepunkt erhitzen und randvoll in Schraubverschluss-Gläser füllen. Sofort verschließen, Gläser 5 Minuten auf den Verschluss stellen.

Ebereschen-Kürbis-Chutney | 300 g Kürbisfleisch, gewürfelt, 50 g Zwiebeln, 150 g Äpfel, 200 g Beeren der Eberesche, ½ EL fein geriebene Ingwerwurzel, ½ TL Cayennepfeffer, 1 Prise gemahlene Gewürznelken, 1 Stange Zimt, 1 TL Salz, 100 g Honig, 200 ml Apfelessig
Das Kürbisfruchtfleisch in grobe Würfel schneiden, die Zwiebeln in kleine Würfel, Äpfel in Schnitten schneiden, von der Ingwerwurzel mit der feinen Reibe etwa ½ Eßlöffel abreiben, Vogelbeeren abzupfen und waschen. Die Zutaten mit Cayennepfeffer, Nelken, Zimt, Honig, Salz und Apfelessig unter Rühren aufkochen und bei milder Hitze etwa 30 Minuten köcheln, bis ein Brei entsteht. Zimtstange entfernen und die Masse noch heiß in Schraubdeckelgläser füllen, verschließen, umdrehen und abkühlen lassen.

Kornel-Kirschen (Dürlitzen, Thierlein) einzumachen | Man nimmt ganz reife Kornellkirschen, wascht jede mit einem feinen Tuche besonders ab, und nimmt auf 1 Pfund Kornelkirschen 1 Pfund Zucker. Will man sie aber schön haben und viel Gelee oder Gallerte daran, so nimmt man 5 Viertelpfund Zucker, läßt ihn dick einkochen und gießt ihn, wenn er abgekühlt ist, über die Kornelkirschen, läßt sie so eine Nacht stehen, gießt dann den Saft wieder ab, läßt ihn wieder dick kochen und gießt ihn noch einmal über die Kornelkirschen; man schüttet die Brühe wieder ab, und wenn sie wieder kocht, legt man die Kornelkirschen hinein und läßt sie eine kleine Viertelstunde kochen. Man nimmt sie dann mit einem Schaumlöffel aus dem Zucker, legt sie in Konfektgläser, läßt den Zucker kochen, bis er gesteht, gießt ihn dann über die Kornelkirschen, und wenn diese kalt sind, so bindet man sie zu und verwahrt sie wie anderes Konfekt.

Oberrheinisches Kochbuch, Mühlhausen 1811

<
Maulbeere, Herbarium Blackwellianum, 1750–1765, Tafel 126

Spina alba | 1–7. Blüthe
8. 9. Frucht
10–12. Saame | Hagedorn.

Hagenbutten oder Rosenapfel in Essig einzumachen | Auf 1 Pfund Hagenbutten nimmt man 2 Schoppen vom besten Essig, 1 Pfund Zucker und etwas Zimmt; der Essig wird mit dem Zucker aufgekocht und rein abgeschäumt, alsdann gibt man den Zimmt dazu und läßt ihn ein wenig mitkochen, dann thut man die Hagenbutten darein, und läßt sie einigemal darin aufkochen, die dürfen aber nicht zu weich werden; hierauf nimmt man sie vom Feuer, läßt sie abkühlen, füllt sie sodann in ein Zuckerglas und bindet sie mit einer Blase zu.

Berberitzenchutney | 1 Apfel, 1 Zwiebel, 1 Teelöffel Ingwer, 100 g Berberitzenbeeren, Honig, Salz, und Curry. Die Zwiebel und den geschälten Äpfel fein würfeln und mit den Berberitzenbeeren und dem Ingwer vermischen. Mit Honig, Salz und Curry abschmecken. Das Gemisch 20 Minuten dünsten und dann pürieren. Als Sauce zu Kurzgebratenem oder auf geröstetem Brot.

<
Hagebutte,
Herbarium
Blackwellianum,
1750–1765,
Tafel 149

Küttenbaum. CCXI.

G

Ein Kuchen von Quitten | Man siedet ganze Quitten in Wasser weich, zieht die Haut davon, nimmt alles Mark heraus und zerrührt es, bis es ganz weiß ist. Wenn das Mark ein halbes Pfund an Gewicht hat, so wird anderthalb Viertelpfund (200g) fein gestoßener und gesiebter Zucker darein gerührt, nebst dem Gelben von 6 Eyern und der auf einem Reibeisen abgeriebenen Schaale von einer halben Citrone. Das Weiße von den 6 Eyern schwingt man zu Schnee. Man streicht eine Platte, auf welcher man den Kuchen servieren will, mit frischer Butter an, legt den Teig darauf, streuet ein wenig geriebene Makronen oder Biscuit darüber, läßt ihn dann in einem Ofen schön gelb backen und giebt ihn gleich auf den Tisch.

Quitten-Pasten | Zu 1 Pfund Quittenmarmelade werden 1 Pfund Zucker mit einem halben Gläschen Wasser nach langer Fädenart geläutert. Dann kocht man 1 Pfund Quittenmarmelade darin, bis es sich von der Casserolle ablöst, und thut den Saft und die klein geschnittene Schale von 2 Citronen dazu. Hierauf bestreut man ein Backbrett mit Zucker und Mehl, breitet die Masse darauf aus, als wenn man einen Kuchen machen wollte, ungefähr 2 Finger dick in der Höhe und läßt es so einen Tag stehen. Dann schneidet man 4 lange Streifen davon, und diese wieder in beliebige Stückchen, legt sie auf ein mit Butter bestrichenes Blech und läßt sie in einem kühlen Ofen abtrocknen. Auch kann man sie auf einen Bogen Paper legen und auf dem Ofen trocknen.

Wenn man von frischen Quitten Pasten macht, so nimmt man zum Pfund Quitten 1 Pfund Zucker; die Quitten werden gesotten und abgeschält, alsdann auf dem Reibeisen gerieben. Man kann die Masse auch auf einer Porcellanplatte bereiten und mit den Weinbackesmödelchen ausstechen, Papiere mit Zucker bestreuen, die Pasten darauf legen und sie auf dem Ofen trocknen.

An einem trockenen Orte aufbewahrt, halten sich die Pasten lange.

<
Quitte,
Leonhart Fuchs,
Kreüterbuch, 1543,
Tafel 211

1 Lot: ca. 15 Gramm – 1 Schoppen: 0,46 Liter – 1 Simri: 44,3 Liter – 1 Vierling: 11,1 Liter – 1 Imi: 18,4 Liter – 1 Maß: 1,84 Liter – 1 (altes) Pfund: ca. 467g

LITERATUR

ABS Riesa, Staatliches Umweltfachamt Radebeul (Hrsg.): Streuobstwiesen im sächsischen Elbtal, Riesa 1995.

Bertsch, Karl und Franz: Geschichte unserer Kulturpflanzen. Stuttgart 1947.

Bischof, Herbert: Großvaters alte Obstsorten. Stuttgart 1998.

Buchter-Weisbrodt, Helga: Schlehe: Klar wie Schnee, in: Obst & Garten, Organ der Landesverbände für Obstbau, Garten und Landschaft und des Erwerbsobstbaus Baden-Württemberg e.V., Heft 1 Januar 2002.

Brandt, Eckart: Brandts Apfellust. Alte Apfelsorten neu entdeckt für Garten und Küche. München 2000.

Friedrich, Gerhard.: Handbuch des Obstbaus. Radebeul 1993.

Götz, Gerhard; Silbereisen, Robert: Obstsortenatlas. Stuttgart 1989.

Handwörterbuch des deutschen Aberglaubens, hrsg. von Hanns Bächtold-Stäubli unter Mitw. von Eduard Hoffmann-Krayer. Berlin 1936, Nachdr. 1986.

Hartmann, Walter: Farbatlas alte Obstsorten. Stuttgart 2000.

Kluge, Heidelore: Das große Hildegard-von-Bingen-Buch. Rastatt 1999.

Laudert, Doris: Mythos Baum: Geschichte – Brauchtum. 40 Baumporträts. München [2]2003

Knack, Axel: Vom Sündenfall zum Gravensteiner – Geschichten rund um den Apfel im Land Brandenburg. Potsdam 2002.

Landesverband für Obstbau, Garten und Landschaft Baden-Württemberg e.V. (Hrsg.): Wildobst. Stuttgart 1996.

Mangold, Gudrun: Das Buch zu Apfel- und Birnenwein. Tips und Rezepte. Tübingen 2003.

Nickig, Marion: Rau, Heide: Der naturnahe Garten. Hamburg 2002.

Pütz, Jean: Kirschner, Monika: Lebenselexiere aus Deutschland: wilde Pflanzen. Köln 2002.

Pomologische Monatshefte. Allgemeine deutsche Obstbauzeitung. Organ des deutschen Pomologen-Vereins Stuttgart 1875–1904.

Schiechtl, Hugo Meinhard; Gärtner, Georg: Wildfrüchte in Europa, Schätze eines Kontinents. Hall 2000

Schiller, Johann Caspar: Die Baumzucht im Großen. Berlin 1795.

Schroefel, Ullrich und Zehnder, Markus: Eduard Lucas, in: Obst & Garten, Organ der Landesverbände für Obstbau, Garten und Landschaft und des Erwerbsobstbaus Baden-Württemberg e.V., Heft 1 Januar 2002.

Sickler, Friedrich Carl Ludwig: Allgemeine Geschichte der Obstkultur. Frankfurt am Main 1802.

Verband der Bediensteten für Obstbau, Gartenbau und Landespflege Baden-Württemberg (Hrsg.): Die Fachberatung für Obst- und Gartenbau bei den Landratsämtern und Versuchseinrichtungen in Baden-Württemberg. Vom Kreisbaumwart zum Fachberater für Obst- und Gartenbau. Oberstenfeld/Schömberg. 1999.

Wilde, Julius: Kulturgeschichte der Sträucher und Stauden. Speyer 1947

BIBLIOGRAPHISCHE ANGABEN ZU DEN TAFEL-ABBILDUNGEN

BAUHIN, Johann: Historia plantarum universalis, nova, et absolutissima ab auctoribus Ioh. Bauhino, et Ioh. Hen. Cherlero. 3 Bde., Ebroduni (Yverdon) 1650–1651. (WLB Stuttgart Nat.G.fol. 38-1, 2, 3).

BLACKWELL, Elisabeth: Vermehrtes und verbessertes Blackwellisches Kräuterbuch, das ist: Sammlung der Gewächse die zum Arzney-Gebrauch in den Apotheken aufbehalten werden. (Herbarium Blackwellianum) Nürnberg 1750–1765. (UB Eichstätt, 182/1 SJ II 1129)

BOCK, Hieronymus: Kreutterbuch darin Underscheidt Namen und Würckung der Kreütter, Stauden, Hecken und Beumen... Straßburg 1546 (UB Eichstätt, 18/WL 1060 B 665.546)

FUCHS, New Kreüterbuch, in welchem nit allein die gantz histori, das ist namen, gestalt, statt und zeit der wachsung ... des meysten theyls der Kreüter ... beschrieben. Basel 1543 (UB Eichstätt, Eigentum des Freistaats Bayern, 182/1 J II 26)

GAUCHER, Nicolas: Pomologie des praktischen Obstbaumzüchters. Stuttgart 1894 (WLB Gew.qm. 478).

ILLUSTRIRTE MONATSHEFTE für Obst- und Weinbau, Organ des deutschen Pomologen-Vereins. Stuttgart 1865–1874. (WLB Stuttgart Gew.oct. 4253).

KRAFT, Johann: Abhandlung von den Obstbäumen: worinn ihre Gestalt, Erziehung und Pflege angezeigt und beschrieben wird, mit 100 sehr feinen Abbildungen in Kupfer gestochen und nach der Natur in Farben dargestellt. (Pomona Austriaca) Wien 1792–1793, 2 Bde. (WLB Stuttgart, Nat.G.fol.301–302).

SCHILLER, Johann Caspar: Die Baumzucht im Großen: aus zwanzigjährigen Erfahrungen im Kleinen in Rücksicht auf ihre Behandlung, Kosten, Nutzen und Ertrag beurtheilt. Berlin 1795. (WLB Stuttgart HB 7172)

SICKLER, Johann Volkmar (Hrsg.): Der teutsche Obstgärtner. 22 Bände, Weimar 1792–1804 (WLB Stuttgart, Z90071).

BILD- UND TEXTNACHWEIS

Harald Fischer Verlag Erlangen: S. 116, 128, 136, 138, 140, 146, 162, 166, 170, 172.

Universitätsbibliothek Eichstätt: S. 76, 86, 100, 102, 110, 114, 118, 130, 132, 134,142, 148, 152, 174.

Württembergische Landesbibliothek Stuttgart: S. 54, 58, 60, 62, 64, 68, 70, 72, 74, 80, 82, 88, 90, 92, 94, 96, 98, 104, 106, 108, 112, 120, 124, 126, 144, 154, 156, 158, 160, 164, 168.

Schiller-Nationalmuseum, Deutsches Literaturarchiv Marbach am Neckar: S. 56 (Photo: Ch. Korner)

Gedicht »Am 4. Dezember«, von Josef Guggenmos, S. 47–48, aus: Ich will dir was verraten, Beltz und Gelberg, Weinheim 1992.